KB213889

배낭에
문화를 담다

배낭에 문화를 담다

태국, 라오스, 캄보디아, 미얀마 여행기

민병욱 지음

산지니

| 머리말 |

배낭에 문화를 담으면서

배낭을 메기 시작한 지 벌써 13년이 흘렀다. 2002년 해외 한국학 연구 파견교수로 중국에 가 문헌 자료들을 구하러 다니는 과정에서, 곁눈으로 엿보고 지나쳤던 살아 움직이는 문화의 현장에 대한 길고 긴, 언제 끝날지 모르는 여정이 시작되었다. 그때부터 배낭은 책가방이기를 포기한 채 거리로 내던져졌다. 배낭은 명소에서 선인들의 손때가 묻은 자태를 뽐내며 자리 잡고 있는 옛 삶의 모습들을 담거나 그냥 스쳐지나가는 골목길 구석구석에 숨어서 지내는 이름 없는 사람들의 흔적을 조심스레 주워 담을 뿐이다.

문헌을 버린 배낭에는 서남아시아 일부 지역을 제외한 아시아 지역, 유럽 지역 그리고 북아프리카 지역까지 채워졌다. 그 지역들을 둘러보면서 배낭에 쌓여가는 것은 문화적 충격이라기보다는 문화적 차이였다. 그 차이는 종교에서 시작되어 문화예술로 이어졌다. 그 차이를 배낭 속에서 꺼내지 않고 감추어두기보다는 쏟아내어야 할 것 같았다. 부산일보에 "민병욱 교수 배낭에 문화를 담다"를 2012년 7월 12일부터 12월 6일까지 매주 목요일 한 차례씩 풀기 시작했다. 이어 국제신문에 "민병욱의 이슬람에게 공존을 묻다"를 2013년 1월 9일에서 2014년 4월 24일까지 매주 수요일 한 차례씩, 그리고 "민병욱 교수의 배낭여행"을 2014년 7월 24일에서 12월 18일까지 매주 목요일 한 차례씩 풀어갔다.

이 책은 부산일보에 연재한 여행기를 토대로 하여 부분적으로 재구성한 것이다. 그 가운데 불교와 불교문화를 중심에 두어 베트남 여행기를 완전히 제외했다. 동남아시아 여행기 연재가 시작될 때 부산일보는 "민 교수는 이번 시리즈를 통해 한 사회의 문화와 그것을 생산한 사회의 관계 속에서 여행을 돌아보려 한다. 여행은 단순히 인증 샷을 위한 것이 아니라 나 자신을, 내가 살아가고 있는 사회를 되돌아보는 것임을 확인하면서…"라는 프롤로그를 내보냈다. 그 프롤로그는 '연재를 시작하면서'라고 쓴 기획의도를 적확하게 짚어낸 것이었다. 그 의도는 이렇게 쓰여졌다.

"동남아시아를 비롯하여 아시아 여러 지역을 문화예술의 기준을 가지고 여행한 것은 1997년 아시아연극인페스티벌 기획단

장 및 실행위원장을 맡으면서 시작된 일이다. 이 일을 계기로 하여 아시아 여러 지역을 문화예술의 관점에서 보고 다녔다. 이런 여행들은 특정한 일을 해야 하거나, 특정한 일에 적합한 관계자 및 관계단체를 만나는 제한적인 범주에 머물렀다. 2002년 12월부터 중국에 교수로 머물면서 특정 범위와 특정 제한에서 벗어나서 문화예술을 볼 수 있는 1인 배낭여행자을 다니기 시작하여, 2004년에는 일본을, 2010년부터 동남아시아 지역을 다녔다. 홀로 배낭여행을 하면서 제한의 범위에서 벗어나서 문화예술을 보고 그것을 산출한 사회를 보면서 되돌아와서는 우리의 모습을 되새김하게 되었다. 가령 중국에 머물면서 교통대학이 뭘 하는 대학인지, 태국에 머물면서 예술대학을 왜 소통예술대학이라고 하는지 등등 의문을 가졌던 것이 우리의 모습을 되돌아보는 계기가 된 것이다. 더구나 원도심 재개발이나 다문화 등에 관한 연구를 수행하면서 왜 선진국, 특히 일본이 사례의 본보기가 되는지, 전혀 개발기술이 미치지 않은 라오스나 미얀마는 사례의 본보기가 될 수 없는지 등 의문들도 우리의 모습을 되돌아보는 계기가 되었다. 본 연재를 시작하면서 한 사회의 문화와 그것을 생산한 사회 그리고 그것들을 만들어내는 정치와의 관계 속에서 여행을 되돌아볼 것이다. 여행은 인증 샷 이나 인증 짤을 위한 것이 아니라 나 자신을, 내가 살아가고 있는 사회를 되돌아보는 것이다."

그렇다. 여행은 차이를 경험하는 것이며 그 차이로 인하여 나를 되돌아보는 것이다. 배낭은 아직도 채워지지 않았다. 배낭이 다 채워지면 곧 비워질 것이다. 채움과 비움을 함께 하면서 배낭은 나에게 길을 재촉한다.

2015년 4월

| 차례 |

머리말 배낭에 문화를 담으면서 … 4

1부 **태국,** 여정의 시작과 끝

태국 북부지역, 불교문화의 순례

방콕 카오산로드, 여정을 시작하면서 … 15

아유타야, 불교와 정치의 공존 … 26

피마이 역사공원, 불교와 힌두교의 뒤섞임 … 37

수코타이, 태국의 옛 이름 시암의 정체성 … 48

치앙마이, 물 축제와 정화 … 56

태국 남부, 자연과 예술의 공존 여로

방콕 룸피니 공원, 행운의 부재 … 68

후아힌, 거리예술로 거듭나다 … 77

끄라비, 공존과 자연의 길목 … 87

꼬창, 사람과 사람 사이의 예술 … 96

2부 라오스, 원시로 되돌아가는 길

비엔티엔, 선택의 기로 … 110
방비엥, 풍경 속 역사의 상처 … 119
루앙프라방, 과거 공간과 현재 시간 … 129
씨판돈, 4천 개의 섬 … 137

3부 캄보디아, 끝나지 않는 과거로 되돌아가기

앙코르 왓, 종교에서 세속으로 … 149
킬링필드, 역사의 현장과 기억의 문화 사이에서 … 159
시하눅빌, 자유의 틀에서 벗어나기 … 169

4부 미얀마, 파고다의 여로

양곤, 파고다에서 아우라 찾기 … 181
만달레이, 사람 사이에 흐르는 불멸의 강 … 191
아마라뿌라, 호수의 다리 … 202
버강, 파고다의 강 … 212
인레 호수, 소수민족의 삶 … 223
응아빨리 해변, 조지 오웰과의 만남 … 233

1부

태국, 여정의 시작과 끝

태국은 동남아시아 인도차이나 반도와 말레이 반도 사이에 걸쳐 있는 입헌군주국가로서 남북으로 약 1,500km, 동서로 약 800km 뻗어 있다. 그 지리적 위치 때문에 태국은 북서쪽으로 미얀마, 북동쪽으로 라오스, 남동쪽으로 캄보디아와 타이 만, 남쪽으로 말레이시아, 남서쪽으로 안다만 해에 접해 있다. 여러 나라들과 국경을 맞대고 있기에 태국은 동남아시아 여행의 기점이 된다.

특히 배낭여행자들은 대부분 수도 방콕 카오산로드를 출발지로 하여 동남아국가들을 여행한다고 해도 지나친 말이 아니다.

방콕은 나에게도 언제나 동남아시아 배낭여행의 출발지이자 종착지이기도 하다. 더구나 2010년 겨울방학 기간 방콕대학교 소통예술대학 영화학부 자문교수로 있었기에 나는 태국 전역을 비롯하여 동남아국가들을 여행할 수 있었다.

태국 여행은 방콕에서 출발하여 북부지역으로 가는 불교문화여행, 남부지역으로 가는 휴양 여행으로 나눌 수 있을 것 같다. 북부지역 여행코스는 방콕에서 출발하여 아유타야, 피마이, 수코타이, 치앙마이, 치앙라이 등을 따라서 불교와 힌두교의 전파경로 및 그 혼종을 둘러보는 것이다. 남부지역 여행코스는 안다만 해와 타이 만에 흩어져 있는 섬들을 찾아가서 해양스포츠를 즐기거나 휴양하는 것이다.

물론 그 전 기간에서도 그러했지만, 나는 2010년 1~2월에서부터 매년 한두 차례 태국이나 이웃 국가들로 여행을 다니다가 2013년 10월 드디어 동남아시아국가연합(ASEAN) 소속 국가들을 다 여행하게 되었다.

동남아시아국가연합으로의 여행도 태국에서 시작하고 끝을 맺은 셈이다.

태국 북부지역, 불교문화의 순례

태국 북부지역으로 가장 좋은 여행코스는 방콕에서 국경지역으로 올라가거나, 치앙마이에서 국경지역을 들러보고 방콕으로 내려오는 것이다. 올라가는 코스를 택한다면 '방콕 → 아유타야 → (피마이) → 수코타이 → 치앙마이 → 치앙라이(→ 빠이)' 등의 순서로 여행하는 것이 편리하다.

방콕 카오산로드, 여정을 시작하면서

'도시는 특유의 향을 풍긴다. … 차에서 나와 도시를 발로 누비면서 느껴야 한다. … 가이드와 함께도 좋지만, 없어도 괜찮다. 그러면 길을 잃을 것이고 그럼으로써 길을 잃지 않았더라면 결코 보지 못했을 것을 볼 수 있기 때문이다'라고 크리스토프 라무르는 『걷기의 철학』(고아침 역)에서 말한다. 그렇다. 배낭여행은 지도를 보면서도 길을 잘못 들어섰을 때 그 도시가 오랫동안 가지고 있었던

비밀스러운 모습을 보는 것이다.

방콕은 특히 동남아 여행의 출발지이다. 방콕은 언제나 여행자들이 스쳐 지나가는 곳, 비행기로는 수완나폼 국제공항을, 육로로는 카오산로드를 거쳐서 동남아시아 이웃나라들로 들어가는 관문이다.

그 관문에서 여행자들은 새삼스럽게 태국이 부처와 국왕의 나라임을 느낀다. 공항 곳곳에 태국 현 국왕 라마 9세의 사진이 붙어 있고 불상과 불탑들이 쉽게 눈에 띈다.

방콕은 태국을 중심으로 한 동남아시아 소승불교(상좌부 불교)를 순례하는 첫 출발지이기도 하다.

방콕 수완나폼 국제공항 입국장을 나와서 오른쪽으로 발길을 돌리면 이름이 적힌 팻말을 들고 관광객들을 기다리는 곳, 만남의 광장이 있다. 그 광장을 지나가면서, 물론 그 팻말에 내 이름이 적혀 있을 리 없지만, 나도 모르게 팻말의 이름들을 바라보다가 내 이름이 없음을 새삼스럽게 확인하고는 낯선 나라에 여행을 온 느낌으로 충만해진다. 만남의 광장에서 에스컬레이터를 타고 아래층으로 내려가면 공항이나 비행사에 근무하는 외국인이나 태국인들을 기다리는 값싼 푸드코트가 여행객을 맞이한다.

푸드코트를 나오면 바로 공항철도, 파란색 시티라인과 붉은색 익스프레스가 기다린다. 공항철도의 종점 파이타이 역까지 시티라인은 6개 정거장을 거쳐서 가고 익스프레스는 바로 간다. 완행과 급행의 차이라고 할까?

파이타이 역으로 가면서 바라보는 방콕의 시내 풍경은 뜨거운 열기에 싸여 있다. 그 뜨거운 열기보다도 훨씬 더 태국 전국을 달구고 있는 것은 옐로우셔츠와 레드셔츠 간의 갈등이다. 옐로우셔츠는 국왕의 옷과 동일한 노란색 셔츠를 입음으로써 국왕을 지지

하는 중상류층을, 레드셔츠는 태국인의 피를 상징하는 색깔의 셔츠를 입음으로써 탁신을 지지하는 하류층을 상징한다.

그 갈등을 중상류층과 하류층 간의 갈등, 독재와 민주 간의 갈등, 방콕과 동북부 간의 지역갈등이라고도 한다. 그 양상이 무엇이든 간에, 갈등은 현 국왕 라마 9세가 오랜 기간 병석에 누워 있어서 예전과 같이 군부쿠데타를 막고 국민을 보호하는 역할을 하지 못했다거나, 탁신이 국왕의 영역에 도전했다거나, 하층민들이 군부 독재와 빈부 격차를 받아들이지 못하고 있다거나 등으로 지속된다. 갈등의 지속은 무엇보다도 절대 존재의 부재에 따른 집단들 간의 진실한 접촉, 내면적인 의사소통이 없음을 보여준다.

시티라인의 파란색, 익스프레스와 레드셔츠의 붉은색은 태국 국기의 색깔이다.

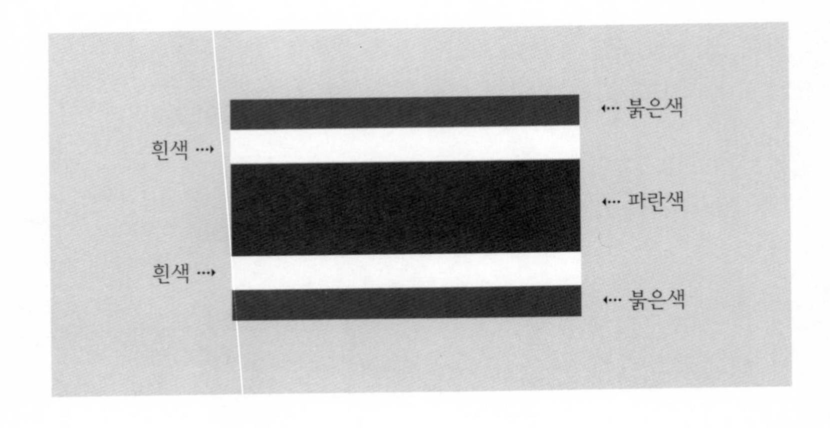

다섯 개의 가로줄과 3색으로 된 태국 국기 중앙에 있는 파란색은 국왕을, 그 바로 위아래에 있는 흰색은 불교를, 양 가장자리에 있는 붉은색은 태국인의 피를 상징한다.

수완나폼 공항 역에서 파이타이 역까지 걸리는 30분 정도의 시간은 태국의 뜨거운 열기보다 더 뜨거운 국민들 간의 갈등을 느끼기에 충분한 것 같다. 태국 사람들이 자국에는 '뜨거운, 더 뜨거운, 매우 뜨거운 계절'의 3 계절이 있다고 말하듯, 배낭여행자들은 뜨겁거나 더 뜨겁거나, 매우 뜨거운 열기 속에서 스스로 카오산로드로 모여든다. 파이타이 역 청사 아래에서 59번 버스를 타고 카오산로드로 모여드는 배낭여행자들!

카오산로드는 약 500m가량 되는 2차선 도로에 불과하다. 한 나라의 수도에 있으면서 그 도시의 분위기가 전혀 나지 않는 곳. 가게에서나 세워놓은 택시에서 호객을 하는 것을 제외하면 한 걸음 옮길 때마다, 무더위를 쫓으려고 음료수를 시킬 때마다 스쳐 가거나 만나는 사람들은 외국인들뿐이다.

카오산로드에서 세계 여러 나라에서 온 배낭여행자들은 밤의 열기 속으로 빠져들기도 하지만 어디에서나 같이 앉아서 이야기를 나눈다. 그 이야기 속에서 다음 여행지가 결정되고 가끔 동행이 결정되기도 하면서 비용이 나누어지기도 한다. 배낭여행자들이 들고 다니는 한 권의 여행안내서조차 여정의 길잡이 구실을 다하지 못한다. 여행안내서는 과거의 기록이며 여행자들의 이야기는 현재 진행의 현장이다.

배낭여행자들이 이야기를 주고받는 과정에서 언어가 큰 역할을 하지만 전부는 아니다. 언어는 의사소통의 수단들 가운데 하나일 뿐, 그 전부가 아니다. 의사소통은 언어로써만이 아니라 문자로, 그림으로, 그리고 무엇보다도 몸짓으로 덧보태어져 이루어진다. 그리고 그 소통이 부분적으로 이루어졌는지, 이해할 수 있을 정도로 이루어졌는지, 완전히 이루어졌는지, 온몸으로 느낌이 온다.

그러고 보면 태국 사람들과의 의사소통은 우리 사회와 다른 부분이 많다. '내일 점심이나 먹자'라는 말을 일상적인 인사치레가 아니라 진심으로 한다고 해도 태국 사람들은 전혀 받아들이지 않는다. 몇 날 몇 시 어디에서 만나자고 말할 때 태국 사람은 약속으로 받아들인다. 물론 그때서야 수락이나 거부의 의견을 내놓는다. 소통은 일방적인 지시나 전달이 아니다. 상호 간의 의사교환이다. 그 교환은, 우리에게 익숙한 예술대학이 태국에서는 소통예술대학이라는 명칭으로 불린다는 점에서 확연히 드러난다. 예술대학이 아니라 소통예술대학이라고? 예술은 작가와 독자 간의 소통을 이미 전제로 하고 있기 때문이다. 프랑스 실존철학자 장 폴 사르트르가 '쓰여진 글의 의미는 읽힘으로써 구현된다'라고 말한 것처럼 글쓴이가 쓴 글을 아무도 읽지 않는다면 그 글은 사문화되는 것이다.

소통이론을 확립한 윌버 슈람도 '소통은 일방적인 메시지의 전달과 수용이 아니라 그 과정을 통해서 이해에 이르고 상호 간의 태도를 변화시키는 것'이라고 한다. 태국 사회와 마찬가지로 우리 사회도 메시지의 전달과 수용 과정 자체에서 이미 오해를 불러일으키는 잡음을 일으키고 있지 않는가?

펠레, 아잔틴 교수와 함께

태국 수도 방콕의 정식 명칭은 태국어로 130자, 우리말로 70자가량 되지만 공식 명칭은 '끄룽텝 마하나콘'이며, 태국 사람들은 줄여서 '끄룽텝'이라고 부른다. 마찬가지로 태국 사람들끼리도 본명이 너무 길어서 거의 사용하지 않고 서로 별명을 부른다. 그 별명도 다른 사람이 붙여주는 것이 아니라 스스로 짓는다. 방콕대학교 영화학부 동료 펠레 교수는 축구광이며, 그의 친구 방송학부 아잔틴 교수는 부모가 불탑에 빌어서 태어난 절실한 불교 신자이다.

펠레 교수와 나는 연구실이 바로 옆에 나란히 있고, 더구나 펠레 교수가 전북 전주에서 거의 1년간 영화를 촬영한 경험이 있어 매일이다시피 붙어 다녔다. 그는 나보다도 소맥(소주와 맥주를 함께 섞어서 마시는)을 잘 마셨고 서로 말을 할 필요가 없이 죽이 잘 맞을 때나 틀어졌을 때 어김없이 전라도 사투리 '거시기'를 외쳤다. 그는 누구보다도 '거시기'라는 말을 사랑한다. 처음 만나서 그가 골프를 치는지 묻자, 나는 아니라고 답하면서 저녁 식사를 하자는 말을 건네고 수락을 받았다. 그날 저녁 함께 연구실을 나서면서도, 그는 손을 흔들고 바삐 가버렸다. 아니 약속을 잊은 것일까? 급한 일이 생긴 것일까? 아니면? 그렇게 며칠이 지난 뒤, 몇몇 교수들이 저녁을 먹자고 하면서 메일로 시간, 장소, 메뉴 등을 정해서 보냈다. 시간, 장소, 음식 메뉴 등 구체적인 것을 사전에 정하고 약속을 하는 것이 태국 사람의 관습인 것 같았다. 확실히 태국 사람들은 사전에 구체적인 것을 합의하지 않고는 어떤 약속도 잡지 않았다. 구체적인 것의 합의 없이 약속을 할 수 없다니?

내가 바지의 한 쪽을 다리는 시범을 보여주면서 다림질을 시키자, 가사도우미는 어떤 바지든 같은 한 쪽만을 다려놓았다. 어쩌란 말인가? 바지는 한 쪽만 다리는 것으로 합의된 것을!

펠레 교수와 소맥을 마시면서 더욱더 친근해지자, 그는 제일 먼저 왜 골프 치는지를 물었는지 말하면서 '한국 사람들 태국에서 골프 쳐요, 다음에 술 마셔요, 그 다음에 나는 몰라요' 하면서 말을 이어갔다. 골프 치러 오는 한국 사람들에게 태국 사람들이

가지는 관습적인 생각이다. 관습은 문화의 차이이긴 하지만 때로는 서로를 오해하는 원인이 되기도 한다. 여행의 시작은 무엇보다 먼저 그 국가의 관습을 받아들이는 것이다. 로마에 가면 로마법을 따르듯이.

아유타야, 불교와 정치의 공존

방콕에서 76km 북쪽에 위치한 아유타야는 태국의 두 번째 통일 왕조, 33명의 왕이 417년간 통치한 옛 수도로, 1,000개 이상의 사원, 약 20개의 성터가 있고, 동쪽으로는 파삭 강, 서쪽과 남쪽으로는 짜오프라야 강, 북쪽으로는 롭부리 강으로 둘러싸여 있는 6km²의 조그만 섬, 그리고 유네스코 지정 아시아 최대 불교 유적지이면서 폐허로 변해가는 곳이다.

그곳에는 또한 태국 최고의 걸작으로서 아유타야 시대 서민들이

가장 즐기던 옛 이야기 『쿤창과 쿤팬의 이야기』(김영애 역)도 있다. 이야기는 완통이라는 한 여인을 둘러싸고 쿤창과 쿤팬이 벌리는 사랑의 멜로드라마이다. 멜로드라마답게, 쿤창은 못생겼고 비열한 술수를 쓰지만 재력 있는 문관의 아들로, 쿤팬은 잘생기고 무술과 도술에 능한 무관의 아들로 서로 완통을 차지하려고 한다. 쿤팬이 먼저 완통과 결혼하지만 쿤창에게 빼앗긴다. 이어 쿤팬이 치앙마이로 원정을 가서 평정하자 그 지방 군주의 딸 라오퉁을 아내로 얻는다. 아유타야로 귀환한 쿤팬은 왕명에 의해서 라오퉁과 이혼하고 완통과 다시 재결합한다.

불교 유적과 세속적 멜로드라마가 나란히 함께 전해 내려오는 이곳에서 성과 속이 '나란히 함께 간다는 것'은 무슨 뜻일까?

철길은 왜 나란히 가는가?
함께 길을 가게 될 때에는 대등하고 평등한 관계를
늘 유지해야 한다는 뜻이다.
토닥토닥 다투지 말고,
어느 한쪽으로 기울지 말고,
높낮이를 따지지 말고 가라는 뜻이다.

철길은 왜
서로 닿지 못하는 거리를 두면서 가는가?
사랑한다는 것은 둘이 만나 하나가 되는 것이지만,
하나가 되기 위해서는
둘 사이에 알맞은 거리가 필요하다는 뜻이다.

—안도현의 「나란히 함께 간다는 것은」에서

배낭여행자들은 대체로 훨람퐁 역이나 돈무앙 역에서 '나란히 가는 철길'을 따라 아유타야 역으로 간다.

아유타야 역에 도착할 때까지 여행자들은 기찻길 옆 금방 무너져 내릴 것 같은 오두막집과 쓰레기더미들, 웃옷을 벗은 채 더위를 식히는 사람들과 그 가족들 등을 보기도 하지만, 철길이나 길가, 판자촌과 그 창가에는 이름 모르는 꽃들도 아름답게 피어 있음을 함께 보게 된다.

아유타야 역 앞 선착장에서 배를 타면 배낭여행자거리 타논 나레쑤언과 현지인들의 재래시장 짜오프롬 시장이 있다. 배낭여행자들은 여행자거리에서 걸어서 시내 유적지를 돌아다니다가

자전거나 뚝뚝(Tuk-Tuk, 세 발 오토바이)나 오토바이 택시를 이용하여 시외 유적지를 둘러보기도 한다. 여행자들은 때로는 그 유적지들을 프라람 호수 지역, 롭부리 강 유역, 차오프라야 강 유역으로 나누어서 돌아다니기도 한다.

프라람 호수 지역의 유적지는 여행자거리에서 걸어서 갈 수 있는 가장 가까운 곳이다.

이곳에서 여행자의 눈을 사로잡는 것은 머리 잘린 불상과 불탑들이다. 그 불상은 크메르 양식의 쁘람(옥수수 모양의 불탑)과 함께 왓 마하 탓에 있고 그 건너편 왓 라차부라나에는 스리랑카 양식의 쩨디(첨탑과 타원형 종 모양의 혼합 불탑)가 경내에 있다.

머리 잘린 불상은 동시대 버마의 침략으로 폐허가 된 결과이다. 그 불탑들 중 쁘람은 크메르 문명, 즉 대승불교와 힌두교가 섞여 있는 신앙의 흔적을, 쩨디는 스리랑카 소승불교의 흔적을 그대로 간직하고 있다. 그 흔적은 아유타야 시대가 불교를 국교로 공인하고 왕실의 규범을 크메르에서 도입했다는 사실의 증거일 것이다. 또한 그 흔적은 오히려 소승불교를 국교로 하고 있는 국가들 간 전쟁의 증거이기도 하다. 롭부리 강, 짜오프라야 강, 파삭 강 유역을 돌아다니다 보면 1548년에서 1594년에 이르기까지 아유타야 왕조와 버마 간에 일어났던 전쟁의 흔적들이 남아 있다.

전쟁 이야기는 언제나 애국심과 민족적 자존심을 불러일으키는 영화의 소재가 되기도 한다. 전쟁 중에 나라와 국왕을 구하고 목숨을 버린 왕비의 이야기라면 더더욱 그렇다.

수리요타이 쩨디에는 태국에서 영웅으로 칭송받는 수리요타이 왕비의 유골이 안치되어 있다. 그녀는

1548년 버마의 침략 당시 참전하여 나라를 구하고 국왕을 대신하여 목숨을 버린 왕비이다. 영화 〈수리요타이〉는 그 왕비의 일대기를 그린 작품으로서 2001년 제6회 부산국제영화제 폐막작으로 선정되기도 했다.

영화 〈수리요타이〉와 마찬가지로 아유타야 유적지들은 그 왕조의 팽창, 도시국가들의 군사적 침략과 수탈이 만들어낸 결과일지도 모른다. 그 결과 아유타야 왕조는 1431년 앙코르 왕국을 정복했지만 1767년 버마 왕국에 의해 멸망하기도 했다. 왕국의 흥망성쇠는 반복되는 역사이지만 그 왕국의 종교는 언제나 남아 있다. 아유타야 왕조는 정치와 종교를 함께 뒤섞어서 이웃 국가로의 팽창을 시도함으로써 아직도 태국 남부 지역 빳따니를 중심으로 이슬람과의 종교 갈등을 남기고 있다. 그 갈등은 아이러니하게도 유네스코 지정 아시아 최대 불교 유적지, 아유타야 왕조가 남긴 역사적 선물로 지속되고 있다.

여행자거리 타논 나레쑤언

아유타야 역은 방콕의 기차역을 기점으로 하여 치앙마이로 가는 북부선, 우본랏차타니로 가는 이산북부선, 농카이로 가는 이산남부선의 교차지역이기도 하다. 방콕의 기차역에서 출발하여 아유타야 역으로 가면서 여행자들은 탑승객들이나 차창 밖 풍경을 보면서 혼자만의 스토리를 만들어내고 지우기를 되풀이할지도 모른다. 마치 태국 독립영화 〈포 스테이션〉(제7회 부산국제영화제 상영작품)처럼, 여행자들은 철길 옆에서 하루하루를 고되게 살아가는 서민들의 삶을 기차가 철길을 달리듯 파노라마로 엮어갈 것이다. 그러다가 아유타야 역에 내려서 여행자들은 여행자거리 타논 나레쑤언에서 배낭을 풀고 여정을 시작한다. 그 여정은, 1351년에서 1767년까지 있었던, 이미 폐허가 된 아유타야 왕조의 불교 유적지를 둘러보는 것이다. 그러고는 지친 몸을 이끌고 여행자들은 그 거리의 끝에 있는 짜오프롬 재래시장에서 현지인의 체취에 젖어들거나 함께 어울려서 논다.

그러다가 여행자들은 아유타야 왕조의 역사를 거슬러 수코타이 왕조로, 란나 왕조의 치앙마이로 갈 것이다. 더러는 크메르 제국을 찾아서 롭부리로, 피마이로 갈 것이다.

피마이 역사공원,
불교와 힌두교의 뒤섞임

여행자들끼리 둘러앉아서 한담을 나누는 것은 즐겁고 신나는 일이다. 길에 버려진 개들을 보면서 한담을 하다가 신을 본 적이 있는가라는 갑작스러운 질문을 던지면 웃음이 사라지고 고요가 찾아온다. 몇 초간의 고요 속에서 개(d +o +g)를 머리부터 꼬리까지 바라보다가 다시 거꾸로 바라보면서 신(g +o +d)이라고 하면 현문우답이 될까? 개가 신이고 신이 개라고 하는 것은 개도 영적, 생명적인 정령과 불성을 가지고 있으며 선업의 결과 해탈할 수 있다는 뜻일까? 현세에서 선업/악업을 쌓으면 행복한/불행한 결과가 나오고 그 업에 따라서 다음 생에 어떤 존재로 태어나고 어떻게 살아갈 것인지가 결정된다고 대답할 수 있을까? 업과 윤회의 사슬 속에서 중생은 살아서는 이승을, 죽어서는 저승을 떠돌아다닐까? 그래서 태국에서 주류를 이루는 영화가 유령영화인가?

아피찻퐁 위라세타쿤 감독의 〈엉클 분미께 보내는 편지〉와 〈엉클 분미〉도 유령영화임이 분명하다. 앞의 영화는 제4회 시네마디지털 서울영화제(2010)의 개막작으로서 독립 단편영화이며, 뒤의 영화는 제63회 칸영화제(2010)에서 최고상인 황금종려상을 받은 작품이다. 엉클 분미는 앞의 작품에서는 이미 죽은 사람으로, 뒤의 작품에서는 죽기 직전의 사람과 직후의 유령으로 나온다. 특히 뒤의 작품은 죽음을 앞둔 분미가 고향 이산으로 들어가서 아내의 영혼 및 원숭이 귀신이 된 아들과 지난 세월에 관한 이야기를 나누는 내용이다. 곧 분미가 죽자 장례식을 치른 그의 처제, 딸, 젊은이 통은 일상으로 되돌아간다. 일상 속에서 그들은 목욕을 하고 돈을 헤아리고 TV를 보고 야식도 먹는다.

그 순간 그들은 침대 위에 앉아서 TV를 보는 그들 자신을, 식당에서 음악을 틀어주는 주인을 보는 그들 자신을 본다. 죽은 자는 윤회의 사슬에서 떠돌아다니고, 산 자는 일상에서 자아와 또 다른 자아들을 스스로 본다는 영화의 의미는 무엇일까? 영화의 의미 찾기는 여행자의 몫이 아닌 것 같다.

여행자들이 그 영화의 의미만큼 관심을 가지는 것은 주인공 분미가 죽음을 앞두고 들어간 고향 이산이다. 이산은 태국 동북

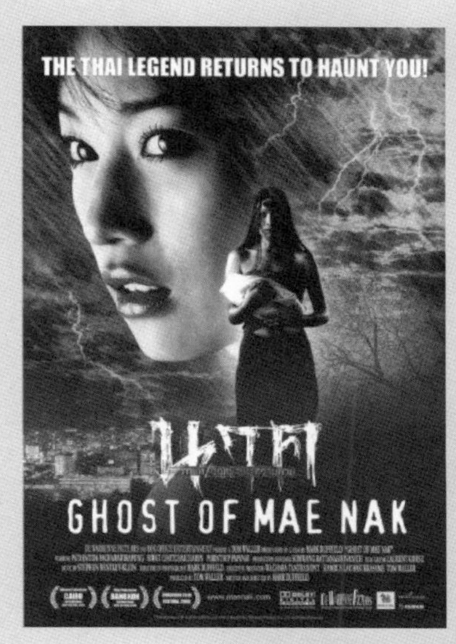

태국에서 주류를 이루는 유령영화들

부지역이다. 방콕과 중부지역 주민들이 스스로를 시암인(시암=옛 국명)이라고 부르듯이, 이산지역은 시암에 속하는 곳이 아니기 때문에 태국에서 가장 가난한 빈민 지역이다. 그러나 이산은, 9세기에서 15세기까지 동남아시아에 존재한, 현재 캄보디아의 원류가 된 크메르 제국에 속하는 영토였다. 크메르 제국이 번창했던 11세기에 만들어진 앙코르 양식의 대승불교 사원이 피마이 역사공원이다.

피마이 역사공원으로 가는 길은 이산지역의 관문인 꼬랏을 거친다. 꼬랏은, 피마이, 파놈룽, 무엉땀 등 동북부지역 크메르 유적지나 캄보디아나 라오스를 육로로 가기 위해서 스쳐가는 도시이다. 꼬랏 제2버스터미널에서 버스를 타면 아주 작은 농촌 마을 피마이에 도착한다. 마을은 걸어서 다녀도 채 한 시간이 걸리지 않기 때문에 역사공원 옆에 있는 시계탑을 이정표로 하면 길을 잃을 염려는 없다. 시계탑에 내려 관광경찰서에 가서 마을 지도를 얻고 왼쪽에 있는 역사공원으로 들어가면 박물관이 제일 먼저 기다린다. 박물관에는 피마이 유적지에서 출토된 유물과 조각들을 전시해놓고 있다. 박물관을 나오면 역사공원의 순례가 시작된다.

피마이 역사공원은 크메르 제국 앙코르 왕조 시대에 캄보디아 앙코르 왓보다 먼저 건축되었다. 당시 앙코르 왕조는, 현재 태국 동북부, 라오스 및 베트남의 일부도 점령하고 있었고 그 지

피마이 역사공원

역 곳곳에 사찰을 건립했다. 이를 앙코르 문명이라고 한다. 앙코르 문명은 13세기 소승불교가 인도차이나 반도를 장악하기 전까지 이 지역에 존재했던 힌두교와 대승불교가 섞여 있는 신앙 양식을 담고 있다. 피마이 역사공원도 힌두교와 대승불교 간의 혼합 신앙에 의해 건립되었다. 이에 따라 공원의 출입구에는 작은 연못을, 그 연못을 거쳐 지나가는 다리에는 나가(naga, 힌두교와 불교 신화에 나오는 신적 존재)를, 나가 다리를 지나서는 회랑을, 회랑의 곳곳에는 불상을, 그 가운데는 우주의 중심인 메루산(혹은 수미산)을 첨탑으로 건립해놓았다.

피마이 역사공원에서 나와서 다시 마을 한가운데로 걸어가면 힌두교와 대승불교의 사원 프라쌋 힌 피마이를, 마을을 잠시 벗어나서는 한 그루 보리수 나무에서 뻗어나와 이루어진 반야 나무 공원을 만난다.

피마이 외곽에서도 앙코르 문명의 유적을 만날 수 있다. 피마이에서 버스를 타고 남쪽으로 약 2시간 정도 가면 앙코르 유적지 파놈 룽과 무엉 땀이 있다. 파놈 룽 유적지에는 프라쌋 힌 카오 파놈 룽 사원, 무엉 땀 유적지에는 프라쌋 무엉 땀 사원이 남아 있다.

앙코르 왓이 1861년 프랑스 탐험가 앙리 무오에 의해서 발견된 이래, 앙코르 문명의 유적은 문명사가와 문화예술가들에게 여전히 신비와 미지의 땅으로 남아 있다. 앙코르 왓과 마찬가지로 피마이와 그 외곽지역에는 황폐화된 앙코르 문명의 흔적만 남아 있다.

문명은 하나의 법칙 아래선
외양만 평화로서 서로 묶인 듯이 보이지만
그것은 다양한 환상, 인간의 삶의 사유일 뿐이다.
공포를 겁내지 않고, 계속해서
몇 세기를 두고 찾아 헤매도
찾고, 분노하고 뿌리째 뽑혔다가
결국 황폐한 현실로 돌아온다.

—예이츠(W. B. Yeats)의 「메루산」(천양희 역)에서

이산지역과 지역 갈등

메콩 강 위의 유람선

메콩 강 투어를 하는 유람선은, 사진에서와 같이 태국, 미얀마, 중국, 라오스 국기를 게양하고 다닌다. 사실 메콩 강은 중국 칭하이 성 티베트 고원에서 시작되어 윈난 성 고지대를 가로질러 남쪽으로 향한다. 그리고 미얀마와 라오스, 라오스와 태국의 국경 일부를 흐르다가 베트남을 거쳐서 남중국해로 흘러들어 간다. 강의 하류에서 물줄기를 합치는 태국 동북부 꼬랏 고원 지대를 이산이라고 한다. 이산지역과 라오스를 가로지르는 메콩 강은 국경의 경계선이라기보다는 민족과 문화 교류의 이동 루트가 된다. 강을 사이에 두고 이산지역민과 라오스

쪽 지역민들은 서로 왕래를 하고 교류를 하여 문화공동체를 형성한다. 그 과정에서 이산지역은 메콩 강을 통해서 라오족과 라오 문화에 깊이 연결된다. 이산지역은 적어도 13세기 말 이전까지는 앙코르 왕국의 지배, 14세기 중엽에는 라오 민족이 건설한 란상 왕국의 지배 아래에 있었다. 이에 따라 이산지역에는 앙코르 문명과 라오스 문화의 흔적이 산재해 있다.

그러나 이산지역은 란상 왕국과 같은 시기에 등장한 아유타야 왕국 간의 영토 분쟁으로 18세기 후반부터 태국의 영토가 된다. 이러한 역사적 자취를 밟다 보니, 타이족을 중심으로 한 태국에서 라오족과 라오 문화에 연결되어 있는 이산지역은 차별받고 소외된다. 그 차별과 소외로 인해 이산지역이 분리 독립을 요구하자 이 지역은 라오스 공산주의와의 연계지역이라는 명분으로 탄압과 통제의 대상이 된다.

이산지역은 태국 영토의 1/3을 차지하고 있는 가장 인구가 많은 지역이지만 가장 빈한한 지역이면서 지역 갈등의 폭발성을 안고 있는 곳이기도 하다. 이산인과 시암인(타이족) 간의 갈등은 언제 끝날 것인가? 그 갈등은 아유타야 왕조 이전의 수코타이 왕조에서 시작된 것이다. 도시국가들을 최초로 통일하여 시암이라는 민족 및 국가 명칭을 얻게 된 태국 첫 왕조 수코타이 왕국으로 가는 길은 어렵지 않다.

수코타이,
태국의 옛 이름 시암의 정체성

수코타이는 중부지역을 중심으로 도시국가들을 최초로 통일한 태국의 첫 왕조 수코타이 왕국의 수도이다. '행복의 새벽'이라는 뜻을 가진 수코타이는 구시가지와 신시가지로 확연히 구분되어 있다. 구시가지에는 유네스코 세계문화유산으로 지정된 수코타이 역사공원, 신시가지에는 욤 강변을 따라서 게스트하우스들이 있다. 여행자들이 수코타이로 가는 단 하나의 이유는 구시가지에 있는 수코타이 역사공원을 둘러보기 위해서이다.

수코타이 역사공원은 가로 1.3km, 세로 1.8km의 성벽으로 둘러싸여 있다. 매표소를 지나 성 안으로 들어가면 가장 먼저 반겨주는 것은 람캄행 박물관과 람캄행 동상이다.

람캄행은 수코타이 왕조의 전성기를 이끈 왕이다. 왕은 소승

불교를 받아들여 국교로 삼으면서 지배적인 이념으로 확립한다. 불교를 왕권의 바탕으로 삼았기에 왕은 성내에 많은 사찰을 건립하고 승왕, 곧 상카라자를 두어 사회 통합의 구심체로 삼는다. 왕조가 안정을 이루자, 왕은 동쪽으로 라오스 비엔티엔, 서쪽으로 미얀마 버고, 남쪽으로 이산지역, 북쪽으로 라오스 루앙프라방까지 왕국의 영향력을 확대하면서 소승불교를 전파하기도 했다. 그 영향력의 확대에 따라서 왕은 자연스럽게 외국 문물을 받아들이고 교류를 강화하기도 했다. 이러한 시기 태국을, 중국에서는 '셴뤄(섬라)', 조선에서는 '섬라국'이라고 칭했다. 이때부터 '셴'의 어원인 시암이 태국 국가와 민족의 명칭이 된 것이다.

박물관과 동상을 지나 성내에 들어서면 왕실 사원 왓 마하탓을 중심으로 수많은 사찰이 있다. 그 사찰들의 특색은 크메르 양식에서 소승불교 양식으로 바꿨거나 태국의 전형적인 사찰 양식으로 지은 것이다.

성 밖 유적지들도, 성내와 마찬가지로 크메르 문명의 흔적이 남아 있거나 전형적인 태국 사찰 양식으로 지은 건물들의 군집이다. 그 군집들은 동서남북 어느 방향에도 다 있다.

그 가운데 서북쪽에 있는 왓 씨춤은 원형이 잘 보존되어 있고 삼면이 벽으로 둘러싸여 있는 좌불상이다.

이를 제외하면 유적지들은 대체로 폐허가 된 상태로 남아 있다. 북쪽 유적지군에서 가장 돋보이는 것은 크메르 문명의 흔적

힌두교 사원에서
불교 사원으로 바뀐 사찰
왓 씨 싸와이

스리랑카 양식의
종탑이 있는 전형적인
태국 사찰 왓 싸 씨

왓 싸 씨와 함께
연못 안 섬처럼 떠 있는
왓 뜨라팡 응언

이 남아 있는 왓 프라 파이 루앙과 왓 소라산이다.

왓 프라 파이 루앙은 사면이 해자로 둘러싸여 있어서 사찰이 힌두교에서 말하는 '우주의 바다' 중심에 있는 메루산을 뜻하는 것 같다.

왓 소실산은 아래 부분에 코끼리 형상을 만들어서 스리랑카 양식의 종탑을 받치게 하고 있다.

성 안팎의 유적지를 둘러보고 여행자들은 신시가지에 산재해 있는 게스트하우스로 간다. 여행자들은 뚝뚝을 기다리면서 가게에 들어가 커피나 냉수를 마시거나 야자수 그늘에 앉아서 풍경을 둘러보기도 한다. 그러다가 야자수에 박혀 있는 작은 간판을 보면서 태국이 역시 불교의 나라임을, 수코타이 왕조가 그 시작임을 다시금 느낀다.

그 간판에는 '죽음은 슬픔의 원인이 아니다. 슬픔은 세상에 도움을 주지 못하고 죽는 것이다'라는 경구가 쓰여 있다. 이 경구는 여행자들에게, 아니 스스로에게 주어진 것일까? 불교를 국교로, 시암을 국가와 민족의 명칭으로 확립한 람캄행 왕의 죽음으로 수코타이 왕조는 막을 내린다. 그 뒤를 이어 아유타야 왕조, 톤부리 왕조, 라따나꼬신 왕조를 거쳐서 현재에 이르기까지 람캄행 왕이 남겨놓은 위대한 업적들 가운데 물론 시암과 이산 간의 차별이 들어 있지는 않을 것이다. 그 차별은 누가 만들었을까? 이산인과 이산지역을, 인접한 라오스의 공산주의를 빌미로 삼아 탄압하는 입헌군주주의자 시암인들이 아니었을까? 불교는 단지 왕권을 확립하기 위한 도구로 시작되어 이제 어떤 질문도 허락하지 않을 것이다.

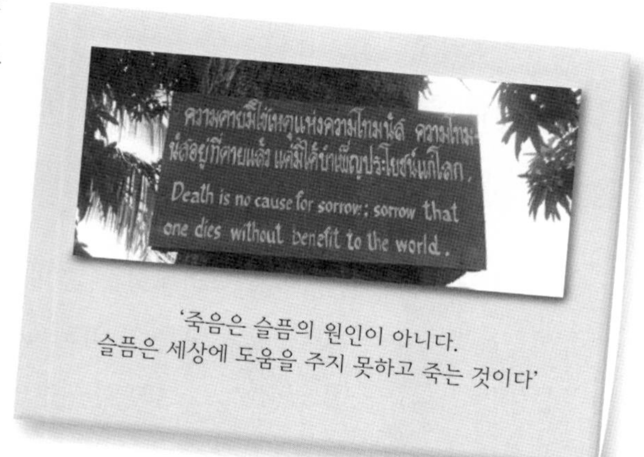

'죽음은 슬픔의 원인이 아니다.
슬픔은 세상에 도움을 주지 못하고 죽는 것이다'

강변 게스트하우스와 수상가옥

욤 강변의 게스트하우스

여행자들은 단지 역사공원을 보기 위해서 수코타이를 방문한다. 역사공원이 있는 구시가지에는 숙박 시설이 거의 없어 여행자들은 신시가지 욤 강변에 있는 게스트하우스를 찾는다. 강변에는 비교적 싼 게스트하우스들이 산재해 있다. 그 주변에는 여행에 편리한 시설들도 있다. 여행자들은 어둠이 내리기 시작하면 재래식 시장이나 야시장 혹은 노점에서 태국 서민들이 즐겨 찾는 음식들을 맛보기도 한다. 람캄행 왕의 비문에 '들에는 벼가 자라고 물에는 물고기들이 있다'라고 적혀 있듯이 재래시장과 야시장의 음식들은 풍요롭다. 음식은 샐러드 얌, 카레 요리 깽, 볶음 요리

팟, 국물 요리 똠양 등 그 종류가 다양하다. 식사를 마치면 외국인 여행자들은 하나둘 카페로 모여서 여정을 즐긴다.

아침이 되면 여행자들은 다른 지역으로 떠나거나 강변을 따라 산책을 가기도 한다. 산책을 나서면 수상가옥이 의외로 많음을 알 수 있다. 수상가옥은 지상가옥보다 통풍이 잘되고 물 위를 스치는 시원한 바람이 불어 모기와 같은 해충을 막거나 무더위를 식혀주기도 한다. 그러나 낡고 낡은 가옥이나 널려 있는 빨래들, 그 물에 몸을 씻고 음식을 조리하는 것을 보면 빈곤함이 그대로 드러나 보인다. 불교가 그 빈곤함을 내세의 넉넉함으로 연결시켜줄지는 모를 것 같다.

치앙마이, 물 축제와 정화

치앙마이는 수코타이 왕조와 비슷한 시기 북부지역에 세워진 란나 왕국의 수도이다. 중부지역 수코타이 왕조와 북부지역 란나 왕조는 힌두교 및 대승불교의 신앙을 수용한 앙코르 왕국과 달리 소승불교를 받아들인다. 수코타이 왕조와 달리 란나 왕조는 타이족을 중심으로 몬족, 라외족 등 여러 민족들로 구성된 다민족 사회였다. 란나 왕조는 소승불교를 통하여 다민족들을 통합하여 타이 유안(북부 타이)이라는 정체성을 형성해갔다. 그 정체성은 축제, 특히 송끄란 축제에서 잘 드러난다.

태국 축제들은 불교와 민간신앙 그리고 세시풍속들이 어우러져 있다. 태국 전통 설날(타이력 1월 1일), 곧 양력 4월 13일 열리는 설날 송끄란 축제, 한국 만불절에 해당하는 2월 보름 마카 부차, 사월초파일과 비슷한 5월 보름 위사카 부차, 초전법륜일인 7

Company

월 보름 아산하 부차, 하안거의 시작을 기념하는 7월 보름 카오 판사, 하안가가 끝난 뒤 불자들이 비구에게 승복을 드리는 10월 보름 까틴 축제, 12월 보름 로이 끄라통 축제 등이 그것이다. 이런 축제들 가운데서 여행자들뿐만 아니라 외국인에게도 널리 알려진 것은 치앙마이의 송끄란 축제이다.

송끄란 축제는 설날 하루 전날, 12일 전야제에서 시작된다. 12일 밤에는 가족들이 모여서 마을 어른들과 친척들을 찾아가 예를 바친다. 13일 아침에 사람들은 마을지도자를 중심으로 모여서 마을민과 마을의 축복을 위하여 공동으로 제례를 올린다.

그 제례의 마지막에는 마을 곳곳에 물을 가득 담은 물통을 마련해놓고 서로에게 물을 뿌리면서 몸과 마음을 정화한다. 이어서 작은 트럭이나 이동수단을 이용하여 여러 지역으로 다니면서 모르는 사람들에게도 물을 뿌려주며 지난해의 잘못을 씻어준다. 이때만큼은 물이 전혀 모자라지 않는다. 곳곳에 물통을 마련해두기도 하고 소방차까지 동원되어 물을 나누어주기도 한다. 물로써 정화도 하지만, 새나 물고기를 방생하기도 하고, 여러 가지 이벤트를 하기도 한다.

치앙마이 송끄란 축제는, 여행자거리에서 걸어서 5분 이내에 있는, 원도심으로 들어가는 타패 게이트에서 성대하게 열린다. 타패 게이트 안은 불교 사원들, 공원과 호수 그리고 재래식 시장 등이 있는 옛 성의 중심지이다. 그 앞에는 옛 성곽을 둘러싸고 있는 해자, 광장, 그리고 신도심과 외곽으로 연결되는 사방팔방의 길이 있다.

13일 밤이 되면 광장에서는 다양한 공연과 이벤트들이 열리고 태국사람들과 여행자들이 아무에게나 물을 뿌린다. 때로는 물총으로, 때로는 수도 호스로, 때로는 바가지로, 때로는 양동이로 물을 뿌린다. 누구나 물을 맞고 물을 뿌리고 즐거워한다. 송끄란 축제에서만큼은 친근하든 아니든 모두 물이 되어 만난다.

우리가 물이 되어 만난다면

가문 어느 집에선들 좋아하지 않으랴

우리가 키 큰 나무와 함께 서서

우르르 우르르 비 오는 소리로 흐른다면

(…)

그러나 지금 우리는

불로 만나려 한다

벌써 숯이 된 뼈 하나가

세상에 불타는 것들을 쓰다듬고 있나니

만 리 밖에서 기다리는 그대여

저 불 지난 뒤에

흐르는 물로 만나자

—강은교의 「우리가 물이 되어」 에서

불과 물은 파괴와 창조, 소멸과 생성, 부정과 정화 등과 같은 양면성을 다 가지고 있다. 그 양면성은 공존할 수 없고 하나가 선택되어질 뿐이다. 우리는 파괴, 소멸, 부정을 선택하거나 창조, 생성, 정화를 선택해야 하는 것이다.

치앙마이 송끄란 축제는 골든 트라이앵글에 가면 다시 만난다.

메콩 강의 작은 지류를 사이에 두고 달리로 연결된 국경도시 태국 매싸이와 미얀마 따찌렉에서도, 메콩 강을 사이에 두고 보트로 다니는 태국 치앙쌘과 라오스 돈 사오에서도 송끄란 축제는 여전히 사람들끼리 서로를 정화시켜준다. 골든트라이앵글이 세계 최대 마약 재배지에서 환금 작물 커피나 차의 재배지로 정화되었듯이, 물의 정화로 국경지역에 살아가는 소수민족이 소

수가 아니라 인간다운 삶을 살아가는 민족으로 거듭나길 바라면서.

그리고 그 축제 기간이 끝나면 여행자들은 태국 소수민족 마브리족이 유목생활을 하는 산악지역 난이나 그냥 멍 때리기 좋은 빠이 마을로 갈 수도 있다. 아니면 치앙콩으로 가서 라오스로 들어가기도 한다.

태국 소수민족인 카렌족

위앙 꿈 깜, 잃어버린 도시의 역사

위앙 꿈 깜은 란나 왕국의 첫 번째 수도이다. 대홍수로 인해 수도를 치앙마이로 이전한 후 위앙 꿈 깜은 역사 속에서 잊혀지다가 1980년대부터 다시 발굴되었다.

'행운은 종착역에 도착했을 때 발견하는 것이 아니라 여행 중에 발견되는 것이다'라는 명언은 여행자를 들뜨게 한다. 위앙 꿈 깜으로 가는 행운은 뚝뚝 기사에게 시외버스터미널로 가는 가격을 묻는 자리에서 우연히 찾아왔다.

그 기사는 위앙 꿈 깜을 가보았는지 묻고는 자기 집이 그곳에 있다고 하면서 너무나 착한 가격으로 가기를 권유하였다.

위앙 꿈 깜 유적지의 이정표는 왓 체디 리엠이다.

왓 체디 리엠은 원래 '황금탑의 사원'이라는 뜻을 가진 왓 꾸 깜이었다. 이 사원에는 불당이 금으로 장식되어 있고 금세공을 하는 승려들의 작업장까지 갖추어져 있어 '황금의 사원'이라고 칭할 만하다. 하지만 탑은 황금 탑이 아니라 피라미드 모양의 백

색이다. 그 탑의 각 층에는 불탑이 새겨져 있지만, 사찰 경내에는 지혜와 학문의 여신 가네샤(코끼리 신)도 모셔놓고 있어 당시 크메르 문명이 끼친 영향의 흔적을 확인하게도 된다.

사람의 몸에 코끼리 머리와 긴 코가 있고 팔이 네 개 달려 있는 가네샤 신의 형상은 유적지 여기저기에 남아 있지만 왓 스리 쑤텝에 가면 부처를 모신 법당 바로 옆에 모셔져 있다. 그러나 유적지는, 대부분 폐허로 남아 있다. 그리고 그 속에는 잘 보존된 당시 전통 가옥이 있다.

유적지를 다니다 보면 태국 북부지역 전통 무용을 전수하는 학교에서 연습 장면을 보는 행운을 누리기도 한다.

전통 가옥과 전통 무용을 태국 고대 왕국의 잃어버린 도시에서 다시 본다는 것은 분명히 여행에서 얻게 되는 행운이다. 그러나 그 행운을 찾아서 일부러 길을 나서지는 않을 것 같다. 행운은 길을 가는 가운데 갑자기 찾아오기 때문이다. 치앙마이에서 위앙 꿈 깜을 둘러보는 행운은 언제 다시 올 것인지를 기다리는 마음을 버리면서 다시 방콕으로 되돌아간다.

태국 남부, 자연과 예술의 공존 여로

태국 남부지역으로 가는 가장 좋은 여행코스는 방콕을 기점으로 삼아서 남동쪽이나 남서쪽으로 내려가는 코스다. '방콕 → 후아힌 → (푸켓) → 끄라비 → (말레이시아)' 혹은 '방콕 → 파타야 → 꼬창 → (무 꼬 앙 통 해상국립공원) → (캄보디아)' 등의 순서로 여행을 다니는 것이 편리하다.

방콕 룸피니 공원, 행운의 부재

배낭여행자 거리 카오산로드는 방콕 시내뿐만 아니라 태국 전역, 국경을 맞대고 있는 캄보디아, 라오스로 출발하는 여행의 이정표이다. 카오산로드를 이정표로 하여 방콕 시내 전역은 시내버스, BTS(스카이트레인), MRT(지하철), 짜오프라야 익스프레스 보트, 그리고 뚝뚝, 송태우 등으로 둘러볼 수 있다.

방콕의 유적 명승지를 둘러보고 나면 여행자들은 도심에 있는 룸피니 공원에서

휴식을 취할 수도 있다.

부처의 출생 지명을 그대로 따온 룸피니 공원이 가져다주는 최고의 선물은 휴식이다. 룸피니 공원에 들어서면, 사람들은 도심 빌딩들이 내뿜는 에어컨의 열기가 덧붙어 더욱더 생명을 질식시킬 것 같은 아열대의 뜨거움으로부터 해방된다. 프랑스 수필가 E. M. 시오랑이 '자전거 여행을 다니던 시절, 나의 가장 큰 즐거움은 시골 묘지에서 가던 길을 멈추고 두 무덤 사이에 누워 몇 시간이고 담배를 피우는 일이었다'라고 말한 것처럼 룸피니 공원 잔디에 누워서 푸른 하늘을 바라보는 것은 자연의 축복을 받아들이는 가장 큰 즐거움이다.

잔디에 누워 푸른 하늘을 바라보면서 자연이 주는 즐거움을, 옆으로 돌아누워 전혀 모르는 낯선 사람들과 나무, 꽃, 호수 등을 바라보면서 자연이 주는 풍요로움을, 그러다가 다시 하늘을 바라보면서 기억 속에 묻혀 있던 친구들, 몇 초, 몇 분, 몇 시간, 며칠, 몇 년 전에 스쳐갔던 낯모르는 사람들에게서 순간적으로 가졌던 느낌들을 공원에서 만난 낯선 사람들과 함께 나눈다. 함께 나누는 느낌이란 말없이 서로를 마주 보면서 내면으로 의사소통을 하는 인간 사이의 가장 진실한 접촉일 것이다.

휴식으로 그 깨달음을 얻지 못하면 못할수록 권태가 빨리 찾아온다. 권태가 찾아오면 사람들은 자리에서 일어나 이리저리 움직이거나 움직이면서 뭔가를 억지로라도 생각해내려고 한다.

공원 입구 혹은 출구에서 영화 〈왕과 나〉의 실제 모델인 국왕 라마 4세의 동상이 방문객을 맞이하고 있었다.

묘비명에 '시암의 과학과 기술의 아버지'라고 되어 있듯이 라마 4세는 영국 유학 경험을 바탕으로 하여 서구문명과 과학 기술을 받아들여 태국의 근대화를 이룬 왕이다. 서양문물을 받아들이는 과정에서 그가 겪은 에피소드를 소설과 영화, 영화 그리고 뮤지컬로 창작한 것이 〈애나와 시암의 왕(Anna and the King of Siam)〉 혹은 〈왕과 나〉이다.

라마 4세는 영화 〈왕과 나〉에 나오는 왕의 실존 모델이다. 그 출발은 마가렛 런댄의 소설 『애나와 시암의 왕(Anna and the King

THE
KING AND I

DUNNE HARRISON DARNELL
ANNA AND THE KING OF SIAM

of Siam)』이다. 이 소설은 영국 미망인 애나 레오노웬스가 왕의 자녀들의 가정교사를 하면서 겪은 19세기 시암(현 태국) 왕 라마 4세와의 관계를 회고한 것에 바탕을 두고 있다. 이 소설을 바탕으로 하여 1946년 영화 〈애나와 시암의 왕〉, 1951년 뮤지컬 〈왕과 나〉, 1956년과 1999년 영화 〈왕과 나〉, 〈애나와 시암의 왕〉이 제작된다.

그러나 영화이든 뮤지컬이든 〈왕과 나〉는 국왕을 부정적으로 묘사했다는 이유 등으로 현재에도 태국 내 상연, 상영이 금지되고 있다. 국왕은 신과 같은 절대 지존으로서 여겨지기 때문이다.

룸피니 공원에 어둠이 채 깔리기 전, 쑤언 룸 나이트 바자가 문을 연다. 걸어서 1분이 채 걸리지 않는 곳에서 오후 3시쯤 바자가 열리면, 약 4,000개쯤 되는 매장에서는 온갖 물건들, 불상, 향과 초, 골동품, 수공예품, 그림, 실크, 의류, 액세서리 등이 자기를 가지고 가라고 여행자들에게 손짓한다. 그 손짓이 요란스러워 옆으로 고개를 돌리면 태국 노래보다도 팝송을 더 잘 부르는 길거리 가수들, 라이브 음악이 연주

되는 푸드코트 그리고 태국 전통 인형극장, 조 루이스 인형극장과 만나게 된다.

전통 인형극장은 출입구 바로 앞에 야외식당이 있다. 이어 출입구를 따라서 공연장에 들어가기 직전까지는 태국 인형극의 유일한 전승자이면서 극장 설립자인 사콘의 삶과 공연자료, 꼭두각시 인형, 가면 등을 전시한 기념관 그리고 공연장이 있다.

인형극에서는 조종자가 무대 뒤에 숨어서 줄이나 막대로 조종하여 인형만을 사각의 틀에서 보여주는 것이 아니라 막대로 인형을 들고서 무대 위에서 공연한다. 인형 조종자들과 인형들이 무대 위에서 함께 어우러진다.

물론 이 극장에서는 태국 전통 무용도 같이 공연한다. 특히 힌두 신화를 바탕으로 한 무용극 〈나가를 잡는 가루다〉는 관객들을 오랫동안 붙잡아 놓는다.

〈나가를 잡는 가루다〉에서 나가는 뱀(혹은 용)이고 가루다는 새이다. 나가가 가루다의 어머니를 노예로 잡고서 불로장생약을 요구하자, 가루다는 그 제안을 이행하고 어머니를 해방시킨다. 일을 마치고 천국에서 돌아오는 길에 가루다는 비슈누 신을 만나 신의 탈 것이 되어 신의 상징으로 봉사하기로 한다. 비슈누 신은 현세를 다스리는 신이며, 가루다는 위기에 처해 있는 인류를 구하려고 비슈누 신이 타고 내려오는 새이다. 곧 가루다는 중생을 구제하기 위한 문수보살(지식, 지혜, 깨달음)의 화신인 것이다.

〈나가를 잡는 가루다〉는 중생을 구원하고자 하는 절대 존재의 이야기이다. 옐로우셔츠와 레드셔츠 간의 갈등 상황을 구원할 수 있는 절대 존재는 있을까? 라마 9세의 투병으로 절대 존재가 부재하는 상황이라면, 갈등의 해결은 그 집단들 간의 진실한 소통이 아닐까?

워터퍼드 파크 라마 4

흔히 태국을 불교와 국왕의 나라라고 한다. 현재 국왕은 라마 9세이며, 라마 1세가 차크리 왕조, 일명 방콕 왕조를 연 국왕이다. 태국 통일 왕조는 수코타이 왕조에서 시작하여 아유타야 왕조를 거쳐서 현재 방콕 왕조에 이른다.

방콕 왕조에서부터 국왕을 라마라고 칭한 것은 힌두교 라마 신의 명칭에서 빌려 온 것이다. 라마는 현세를 지키는 비슈누 신이 인류를 구원하기 위하여 세상에 내려온 일곱 번째 화신으로 이상적인 왕의 전형이면서 신성을 구현하는 이상적인 인간의 전형이기도 하다.

그의 이야기가 들어 있는 인도 서사시 「라마야나」를 태국어로 번역하기도 한 방콕 왕조의 초대 국왕 프라푸타요프타 출랄로크는 사후에 바지부라드 왕(라마 6세)에게서 라마 1세로 헌정받는다. 그 후 방콕 왕조는 국왕의 칭호로 라마를 쓰기 시작한다.

라마 4세는 라마 1세의 손자이면서 라마 5세의 부친이기도 하다. 라마 4세는 그의 아들 라마 5세 출랄롱코른 왕과 함께 태국 근대화를 이끈 국왕이다. 이런 까닭에 라마 4세, 5세 동상은 태국 전역에 널리 세워져 있고, 그 칭호 또한 여러 중요 시설에 사용되기 한다. 심지어 외국인 전용 콘도미니엄의 이름인 '워터퍼드 파크 라마 4'도 그렇다.

후아힌, 거리예술로 거듭나다

룸피니 공원에서 BTS를 타고 싸판딱신 역에서 내리면 대도시의 양면, 하늘 높이 올라간 빌딩들과 땅으로 꺼져가는 옛집들이 보인다. 그 사이를 몇 분 걸어가면 태국 전통가옥 마을 씰롬 빌리지가 있다. 씰롬 빌리지는 1908년 태국 남부지역 전통 가옥들로 건립된 마을이며 1978년 복원되었다. 그 건너편에는 화려한 부조와 높이 솟은 불탑을 품고 있는 힌두교 사원 왓 캑 씰롬이 있다.

왓은 승려들이 사는 사찰을, 캑은 태국인을 제외한 동남아시아인, 서남아시아인, 아랍인을 뜻하며, 썰롬은 거리 이름이다. 현대 빌딩, 남부지역 전통 가옥 그리고 힌두교 사원. 서로 낯설게 느껴지지만, 그 세 가지는 썰롬 거리에 있다. 썰롬 거리는 1851년 방콕을 수해로부터 지키기 위해서 전쟁포로, 이민자 등 노예들을 동원해서 조성한 거리이다. 그 가운데 인도계 이민자들이 1879년 힌두교 사원을 만들었다. 적어도 1908년까지 남부지역의 주얄라, 빠따니, 나라티왓 지방은 말레이시아령이었고, 1851년 무렵 말레이계는 전쟁포로들이었기에 더욱 사원을 만들기 어려웠을 것이다. 국왕을 칭하는 라마를 인도 신화에서 빌려 온 나라에 힌두교 사원이 있으니 그리 놀랄 만한 일은 아니다.

싸판딱신 역에서 막까산 역을 거쳐 버스를 타고 가면 남부버스터미널이 나온다. 이 터미널에서 남부지역으로 가는 입구에 자리 잡고 있는 해변 도시가 후아힌이다.

'바위 머리'라는 뜻의 후아힌은 여행자들에게 이미 익숙한 파타야와 비교된다. 파타야가 외국관광객들이 짧은 기간 잠시 머무는 유흥지라면 후아힌은 외국여행자들이 장기 체류하고 국내관광객들이 잠시 쉬어 가는 휴양지라고 할까?

후아힌은 태국사람들에게는 왕실의 휴양지로서 널리 알려져 있다. 후아힌에는 라마 7세가 지은 '끌라이캉원'이라는 왕실 전용 여름휴양지가 있다. 끌라이캉원은 라마 7세가 지은 곳이기

태국

여정의 시작과 끝

도 하지만, 태국 최초의 군부쿠데타에 의해서 갇힌 곳이기도 하다. 라마 7세는 최후의 절대 군주이면서 최초의 입헌 군주, 외국에 망명한 유일 군주이기도 하다. 그 계기가 된 장소가 자신이 지은 끌라이캉원이라는 것은 언제나 다시 느끼는 역사의 역설이다. 그 역설의 공간은, 왕의 여름 휴양지이기에 일반 여행자들에게는 문을 열어주지 않는다.

후아힌은 1시간 정도면 도시 전역을 걸어다닐 수 있을 정도로 작은 해변도시이다.

여행자들은 대부분 해변에서 가장 가까운 나렛담리 거리에서 머문다. 나렛담리 거리에서 여행자들이 걸어서 갈 수 있는 곳은 그리 많지 않지만 빠이 타오 야시장, 플런완 시장, 시카다 시장, 후아힌 역 등이 있다. 트럭형 버스 송태우나 오토바이 택시를 이용한다면 여행자들은 카오 쌈 러이 욧 국립공원, 후아힌 와이너리, 아유타야 시대 고승 뿌를 모신 왓 후아이몽콘, 왓 카오 따끼얍 등을 갈 수 있다.

후아힌 역

여행자들에게 후아힌의 이정표는 후아힌 역이다. 후아힌 역은 방콕 훠람퐁 역에서 시작해서 남부지역으로 가는 철도의 중간역이다. 이 역에는 왕실 전용 청사도 있지만 기차 차량으로 만든 도서관도 있다.

후아힌 역을 이정표로 하여 도시재생의 암호를 풀기에 좋은 곳은 평일에는 플러완 시장, 주말에는 시카다 마켓이다.

플러완 시장은 후아힌 역에서 3km쯤 떨어진 곳에 있고 송태우가 정기 노선으로 다니는 곳이다. 플러완 시장은 옛 재래식 시장에 현대식을 가미하여 조성한 복층 구조의 시장과 숙박시설로 구성되어 마치 테마 공원처럼 꾸며져 있는 곳이다. 시장은 일반 야시장에서 흔히 파는 물건들이 진열되어 있는 반면, 숙박시설은 예스럽게 꾸며놓은 30~40년 전 태국 상류층의 집과 방같이 여겨진다. 테마 공원과 같은 플러완 시장은 마치 과거로 되돌아간 듯한 거리미술 작품을 곳곳에 걸어놓고 있다. 작품들에는 아직도 말을 타고 다니는 해변에서 말을 타고 있는 소녀들, 과거의 모습을 그대로 재현한 이발소, 술집들, 후아힌 역과 그 풍경들을 담고 있다.

플러완 시장

시카다 마켓은 주말에만 열린다. 플러완 시장과 반대 방향에 있으며, 후아힌 역에서는 4km쯤 떨어져 있고 송태우가 정기 노선으로 다니는 곳이다. 플러완 시장과 달리 시카다 마켓은 시카다 아트 팩토리에 소속된 예술가들이 주말에 예술축제를 여는 곳이다. 그 축제에서 현대무용, 현대연극, 록밴드, 힙합, 브레이크 댄스 등이 공연되고, 다양한 현대 거리미술 작품 등이 전시된다. 아울러 지역 예술가들이 제작한 미술작품, 수공예품 등도 팔고 있다. 이곳은 예술가들의 예술축제이면서 예술품마켓이다.

플러완 시장과 시카다 마켓에서 만난 것은 거리예술이다. 거리예술은 분명 창작자와 독자가 실제로 소통이 이루어지는 예술행위이다. 거리예술은 예술가와 독자 사이에 의사소통을 주고받는 매체이다. 예술가와 독자는 예술이라는 매체를 공유함으로써 상호소통을 하게 된다. 매체로서의 예술작품은 예술가나 독자가 독점하는 것이 아니라 공유하는 것이다. '독점은 커뮤니케이션 자유의 적이다'라고 윌버 슈람이 말했듯이, 예술은 작가가 독점하는 것도 아니고 독자가 독점하는 것도 아니다. 마찬가지로 순수예술이든 아니든 고급예술이든 아니든, 특정한 예술은 특정한 정치 권력이나 사회 지위, 경제 계급에 속한 것이 아니다. 독점은 어떤 사람들에게는 아름다운 것이 있을 수 있지만 다른 사람들에게는 전혀 가치 없는 것일 수 있다. 특히 정보의 독점은 '커뮤니케이션 자유의 적'에 그치지 않고 일방 소통을 위한 억압적 도구가 된다. 그 예를 우리는, 우리 사회는 너무나 많이 가지고 있다.

거리공연과 거리미술의 도시

후아힌은 태국 왕실의 여름 별장지로 널리 알려져 있지만 일반 사람들에게는 말 타는 해변으로 더 알려져 있다. 사실 후아힌 해변에는 말을 타는 사람과 마부, 그리고 말을 타라고 성가시게 구는 호객꾼이 관광객보다도 많은 것 같다.

또한 해변에서 말 타는 사람들은 거리 미술의 좋은 재료가 되기도 한다.

후아힌에는 재래식 시장은 물론 재생 시장들도 있다. 재래식 시장에는 먹거리가 넘치지만, 재생 시장에는 예술의 향기가 넘친다. 재생 시장에는 플러완 시장과 시카다 마켓이 있다. 플러완 시장에는 미술 전시, 시카다 마켓에는 예술 공연이 주를 이룬다. 플러완 시장이 아주 작은 시장을 2층으로 된 목조 상가로 꾸며놓았다면 시카다 마켓은 이미 만들어놓은 작은 콘크리트 무대와 노천 극장을 중심으로 공터에 천막이나 플래카드로 경계

를 쳐놓고 있다. 그 특성으로 플러완 시장은 후아힌의 옛 모습을 복원해놓거나, 옛 모습이나 풍경 사진을 전시하고 있으며, 시카다 마켓은 그 지역 예술가들의 예술품 전시와 판매 그리고 현대 예술 공연이나 젊은이들의 힙합 댄스 등을 주로 공연하고 있다. 그렇다 보니 플러완 시장에는 관광객들, 시카다 마켓에는 지역민들이 많이 모이는 것 같다. 재생 시장으로서 공통점은 예술, 특히 거리 미술작품들이 많이 전시되어 있다는 것이다. 예술은 예술가라는 특권 집단의 전유물이 아니라 시민의 일상생활 그 자체이다. 술 취한 화가는 부둥켜안고 있는 남녀의 모습을 그리다가 슬그머니 그 남자의 자리에 자신을 대신 그려 넣는 일상적인 공상을 화폭으로 옮기고 있다.

끄라비, 공존과 자연의 길목

말 타는 해변 후아힌에서 해변 그 자체만을 즐길 수는 없을까? 그 길은 남부지방 끄라비로 가는 것이다. 태국에서는 남부지방으로 내려갈수록 말레이시아 국경에 가까워지고 그럴수록 불교와 이슬람교가 혼재하여 갈등을 일으키고 있다. 뿐만 아니라 끄라비에는 불교와 이슬람교 그리고 힌두교 등 여러 문화가 공존하고 있다.

끄라비의 교통신호등부터 공존의 문화를 보여준다. 그 신호등은 그리핀과 원숭이 형상으로 되어 있다.

그리핀은 사자의 몸에 독수리 머리와 날개가 달린 상상의 동물로서 고대 근동지역, 오늘날 중동지역 장식 미술에서 다루어졌다. 원숭이는 불교에서는 인간을 상징하는 동물로 끄라비 지역에서 널리 볼 수 있는 흔한 동물이다. 고대 근동의 그리핀과

그리핀과 원숭이 형상의 신호등

불교의 원숭이가 함께 있다.

끄라비 타운 중심에 있는 캐코라바람 사원에는 힌두교와 불교가 공존하고 있다. 그 전시실에 있는 옛 사원의 사진은 힌두교식 양식의 사원 중앙에 부처가 있는 모습이다.

타운에서 벗어나 해변으로 가면 가장 먼저 만나는 것은 '진흙 게' 조각상이다.

해변에는 '진흙 게'라는 생물의 구체적인 조각상만 있는 것이 아니라 강철로 만든 매우 추상적인 조각상도 있다.

'진흙 게' 조각상의 안내표지에는 이솝 우화의 「게와 그 어머니」에서 부모가 자식들에게 가르치는 바른 행실, 자기 절제, 상호 존경이 끄라비 지역의 모토와 일치한다고 적혀 있다.

강철 조각상의 안내 표지에는 '인생의 흐름, 환대의 흐름, 성실의 흐름, 기쁨의 흐름, 힘의 흐름, 사랑의 흐름, 끝없고 환대의 순수한 흐름과 끄라비의 흐름'이라는 문구를 적어놓고 있다.

끄라비 지역은 고대 그리스 시대 이솝 우화의 교훈을 모토로 받아들이면서 '끝없는 환대의 순수한 흐름'을 지향하고 있다는 선언을 구상과 추상으로 표현하고 있다.

끄라비는 고대 근동 장식 미술 그리핀과 원숭이, 인간과의 공존, 불교, 이슬람교, 힌두교의 공존, 서구 교훈과 지역 정신의 공존, 구상과 추상이 공존하는 도시라고 말할 수 있을까?

끄라비에서 만날 수 있는 더 큰 기쁨은 인위적 인공물이 아니

라 자연 환경의 생태 공간이다.

그 공간은 해변에서 긴 꼬리 배를 타고 석기시대 인류의 생활 터전 까오 까납남 유적을 거쳐 둘러볼 수 있는 맹그로브 숲, 송태우를 타고 가 열대식물을 감상하면서 트레킹을 할 수 있는 탄복코라니 국립공원이다.

끄라비 타운을 기점으로 생태 여행을 마친 여행자들은 섬 여행을 시작한다. 섬 여행은 끄라비 해변 주위에 있는 섬들, 곧 아오 낭 섬, 홍 섬, 파라다이스 섬, 팍비아 섬, 포다 섬, 까이 섬 등을 둘러보는 것이다.

여행자들이 가장 손쉽게 갈 수 있는 곳은 아오 낭 섬이다. 끄라비에서 송태우를 타고 아오 낭 해변에 가서 긴 꼬리 배를 타고 섬의 라일레이 해변으로 들어간다. 라일레이 해변에서 여행

자들은 전망대 오르기와 해변 둘러보기를 한다. 전망대에 오르면 가까이는 고기잡이배들이, 멀리는 안단만 해협이 널리 펼쳐진다.

전망대를 내려가면 라일레이 해변에는 동굴 사당, 깎아지른 암벽, 관광유람선, 푸른 하늘과 새파란 바다, 수정 같은 물빛, 하얀 모래가 있다.

라일레이 해변에서 다시 긴 꼬리 유람선을 타고 여행자들은 선장의 운항에 따라서 섬들을 돌아다닌다.

그 섬들을 다 돌고 나서는 다시 끄라비로 돌아온다. 돌아오는 해변에서 석양을 바라보면 끄라비는 자연으로 들어가는 길목에 있는 것 같다. 끄라비는 서로 다른 종교와 문화가 공존하고 인간세계에서 자연세계로 들어가는 길목에 자리 잡고 있는 도시라고 할 수 있지 않을까?

동굴사당의 민간 신앙

서 라일레이 해변에 위치한 프라낭 해변에는 남성을 상징하는 것들을 모아둔 동굴사당이 있다. 마을 사람들은 그 동굴에 공주의 정기가 서려 있다고 믿는다. 마을 사람들은 공주가 두 명이라고 하면서 인도인이라고도 하고 말레이시아인이라고도 한다. 이어서 알렉산더 시대 실크로드를 따라 이동하다가 프라낭 해변 부근에서 폭풍을 만나 바다에 빠져 죽은 인도 공주의 영혼을 기리기 위해서 동굴에 사원을 만들었다고 말하기도 한다. 혹은 수백 년 전 바닷길을 헤쳐 오다 난파를 당한 말레이시아 공주가 죽어서 고기가 잡히지 않자 꿈에서 그 공주를 본 태국 어부가 그 영혼을 위로하기 위해 나무로 남근을 깎아 바쳤더니 고기가 잘 잡혔다고 말하기도 한다.

전해 내려오던 이야기가 어떠하든 간에 안내판에는 어부들이 출어하기 전 일반적으로 꽃과 향나무, 특별히 나무로 깎은 남근을 바치면서 행운을 빈다고 적혀 있다. 그러면서 불교도 이슬람교도 아닌 태국 사람들의 민간 신앙, 남근과 신성한 자궁에 대한 전통적인 믿음이라고 한다.

공주의 영혼을 위로하기 위해서이든, 공주에게 남근을 바쳐서 풍어를 바라든 실생활에서 태국 여성은 남성보다는 우위에 있는 것 같다.

강이 있는 곳에는 다 있는 수상시장 상인들도 대부분 여성이고, 농사도 물론 남성과 함께 짓지만 베를 짜고 바구니를 엮고 자녀를 키우는 사람도 여성이다. 결혼할 때에는 신랑이 신부에게 '젖 값(카 남놈)'을 지불하고, 결혼 후에는 신랑이 처갓집에 들어가 산다. 가정을 수호하는 가신도 물론 모계 쪽의 신령이다. 여성보다 낮은 지위를 가진 남성의 입장을 빗대어 가장 인기 있는 태국 여성그룹 '스플래시 아웃(Splash Out)'도 다음과 같이 노래했다.

> 요새 남자의 권리는 어디로 간 건지 모르겠어
> 아는 얘기든 비밀 얘기든 간에 여자들에게 완전 당했어
> 여자들이 말하는 것 봐봐 누구든지 잘났다나 봐
> 남자도 풀어봅시다 그러면 당하겠지 빰 빰 빰 빰

꼬창, 사람과 사람 사이의 예술

시인 정현종은 시 「섬」에서 '사람들 사이에 있는 섬에 가고 싶다'라고 했다. 나도 태국 남부의 섬 꼬창에 가고 싶다.

방콕 카오산에 넘치는 너무 많은 사람들은 여행자를 홀로 두지 않고 그 사이에 가두어버린다. 카오산은 인산인해가 되고 여행자는 산에 뒹굴어 다니는 돌멩이가 되기도 하고 바닷물에 휩쓸려 다니는 바다풀이 되기도 한다. 사람들 사이에 산과 바다가 가로놓여 사람은 섬이 되고 홀로 되면서 누구도 들여다볼 수 없는 자신만의 세계를 가진다. 사람은 다른 사람의 섬으로 갈 수 없다. 기껏 사람들은 섬으로 가고자 말을 건넬 뿐, 서로 건넨 말은 되돌아오지 않는다. 언어란 미로라고 언어철학자 비트켄슈타인이 이미 말하지 않았던가?

사람들 사이의 섬으로 가고 오는 길은 언어가 아니라 느낌이다. '언어란 본시 뜻을 전달하기 위한 것이다. 뜻이란 본시 삶의 깨달음을 전달하기 위한 것이다. 깨달음은 논리가 아니고 느낌이다'라는 김용옥의 말처럼, 사람들 사이의 섬으로 가는 길은 느낌이다. 느낌은 서로 간의 내밀한 접촉에서 오는 친밀감이다.

카오산에서 섬으로 가는 것은, 마치 'ㅅ+ㅓ+ㅁ'을 거꾸로 'ㅁ+ㅓ+ㅅ'으로 읽는 것과 같이 '멋'진 역전의 여행이다. 더구나 관광객이 많이 가서 번잡하고 유흥지가 발달된 곳이 아니라면 더욱 멋질 것이다. 후아힌에서 쉽게 갈 수 있는, 우리에게 익숙한 파타야나 푸켓이 아니라면 더욱더 신나는 일이다.

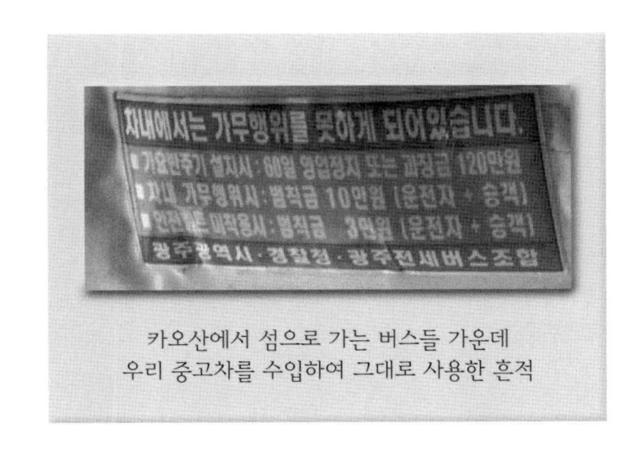

카오산에서 섬으로 가는 버스들 가운데
우리 중고차를 수입하여 그대로 사용한 흔적

카오산에서 꼬창으로 가는 길은 너무 쉽거나 너무 어렵다. 가장 쉬운 방법은 꼬창으로 가는 여행자 버스를 타는 것이다.

여행자 버스를 타고 너무 쉽게 목적지에 도착한다는 것은 그 길로 가면서 만나는 산천풍경과 사람들의 정취를 버리고 안락의자에 앉아 창문에 기대어 침을 흘리면서 깜빡 잠이 들고 깨는 일을 반복한다거나, 버스를 타서 에어컨을 찾고는 이내 감기에 걸릴까 봐 에어컨의 시원한 바람을 꺼달라는 불평을 가득 지닌 채 목적지에 도착하는 일이다.

카오산에서 동부터미널로, 이어서 뜨랏으로, 램 읍옹으로 버스와 송태우를 타고 가다가 배를 타고 꼬창으로 들어간다.

그 길을 묻고, 물어볼 것도 없이 여행자들은 이동한다. 여행자들은 동행인지 아닌지를 언어가 아니라 느낌으로 아니까. '만약 당신이 주위의 사람들과 더 가까워지고 싶다면, 손으로 하는 의사소통의 힘을 알아보라'라고 맥기니스가 말했듯이, 스킨십은 여전히 유효하다.

꼬창은 태국과 그 중 남부의 여느 섬과 다르지 않다. 일반 주택 입구에는 정령의 집(San Phra Poom)이 있다.

태국인의 피를 상징하는 빨간색이나 불교를 상징하는 흰색으로 된 한두 평 크기의 탑이나 절 모양의 집이 있다. 정령은 집과 그 집에 사는 사람들을 보호해주며, 그 사람들은 일어나면 먼저 정령의 집에 음식을 바치고 경건한 절을 하면서 하루를 시작하고, 하루가 끝나고 귀가하면서도 가장 먼저 절을 드린다. 그 정령의 집은 언제나 태국 사람들과 그들의 집을 지켜준다.

꼬창에서는 그 정령의 집이 술집이나 상점에서는 간판이나 진열대로 변화하기도 한다. 해변의 주막에서뿐만 아니라 시골 농촌에서도 부처와 술병을 함께 매달아놓고 있는 풍경은 그다

지 낯설지 않다.

태국사람들은 어떻게 생각하고 있을까? 그만큼 부처님이 언제나 함께하고 있다고 아니면 부처님이 술집만이 아니라 술까지도 보호해 주고 있다고?

꼬창은 태국 푸켓 부근 섬 영화제로 유명한 꼬 야오노이, 베네치아 영화제로 유명한 이탈리아 베니스의 리도 섬, 오세아니아 다큐멘터리 영화제로 유명한 타이티 섬, 세토우치국제예술제로 유명한 일본 나오시마 섬과는 다르다. 꼬창은 모래 해변과 절벽의 절경으로 이어진, 전문 예술가들이 창작 활동을 하거나 공연이나 전시를, 축제를 하는 곳이 아니다.

그곳은 유럽여행객들이 장기 투숙을 하면서 붐비고 밤새 로큰롤이 울려 퍼지는 화이트 샌드 비치, 젊은 여행자들이 모여서 밤마다 작은 파티를 하면서 특유의 분위기를 만들어 내는 론리 비치, 둥근 자갈 해변으로 이루어진 진주 비치, 그 비치들로부터 조금 떨어져 있어 그냥 조용한 곳, 자기 일감을 가지고 오거나 그냥 '멍' 때리는 여행자들이 쉬면서 일을 하는 곳 등등으로 이루어져 있다.

여러 해변들로 이루어진 꼬창은, 그러나 전문 예술가들이나 전문 예술품이 아니라 일상의 삶 속에서 일상적으로 이루어지는 예술품을 그저 바라보고 즐기면서 지내기에 좋은 곳이다.

화이트 샌드 비치에서 밤에 귀를 때리는 밴드 연주 음악이 부담스러운 사람들은 여행자들에게 팔려고 내놓은 옷가지 등에 그려진 그림을 보고 언어가 주지 못하는 어떤 느낌을, 언어가 미로임을 다시 느낄 것이다. 'Bush'라는 글자 아래에 사각형을 둘로 나누어서 'Good Bush'라는 글자 밑에는 여성의 팬티 부분을 그려놓고, 미국 부시 대통령의 사진 밑에는 'Bad Bush'라고 써놓은 티셔츠의 그림을 보면 그 느낌은 확실해진다.

한 남자가 '짐, 어디에 있지?'라는 글자 위에 여성 엉덩이에 끼워져 있는 남자 그림을 한 티셔츠를 입고, 그 여자 연인은 '만일 잊었고/거나 취했다면, 제발 돌려주세요.// 이름/ 주소/ 도시, 주, 장소/ 전화// 소유자는 모든 우편요금을 부담합니다!'라는

그림의 티셔츠를 같이 입고 다닌다면? 아니 다닐 수 있을까?

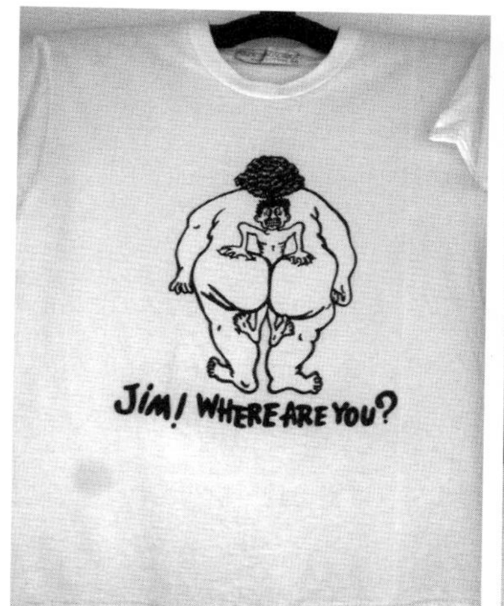

꼬창은 사람과 사람 사이에 있는 섬이면서 그 섬에서 사람과 사람 사이에는 생각의 역전이 있을 수 있음을 느끼게 해주는 섬일까?

섬, 자연 그대로

꼬창은 배낭여행자들이 좋아하는 섬들 가운데 하나이다. 특히 섬에서 장기 투숙을 하는 여행자들은 아무 할 일 없이 섬마을을 돌아다니거나 휴식을 취할 것이다.

섬마을을 돌아다니면서 가장 먼저 만나게 되는 것은 전통 가옥들에서 사람의 체취를 맡는 것이다. 그 가옥들은 대나무나 종려나무 종류의 잎을 엮어서 만든 오두막집이며, 집 앞에는 언제나 가족을 지켜주는 정령을 모시고 있다. 때로 수호신의 정령은 간판에 자리를 잡고 가게를 지켜주기도 한다.

정령은 언제나 섬마을을 지켜주고 있듯이 여행자들도 지켜줄 것이다. 섬마을을 돌아다니다가 여행자들은 뭍과 도시에서의 삶을 잠시 잊고 섬의 풍경이나 그 풍경들이 어울려 있는 자연을 있는 그대로 바라보거나 그 속에서 책을 읽기도 한다. 그러다가 여행자들은 무념무상으로 현재에 멈추어 있기도 한다. 오두막집의 해먹 속에서 길고 긴 시간을 보내고 있다는 사실 자체를 잊어버리면서.

2부

라오스,

원시로 되돌아가는 길

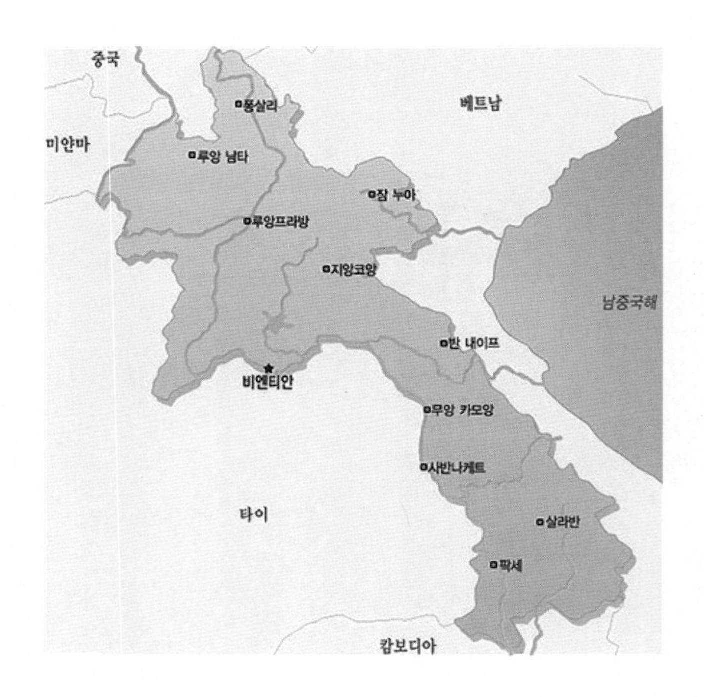

특정 도시나 지역만 가는 것을 제외하고 나는 세 차례에 걸쳐서 라오스를 여행했다. 첫 번째는 말레이시아로 가기 직전 출발지로 라오스를, 두 번째 여행은 미얀마를 둘러보고 난 뒤 종착지로 라오스를, 세 번째 여행은 라오스 그 자체를 둘러보았다.

첫 번째와 두 번째는 비교적 저렴한 항공권을 구입하기 위하여 태국 방콕 수완나폼 공항을 중간경유지(스탑 오버)로 했기에 가능했던 여행이었다. 당연히 두 번의 여행에서 라오스로 들어가는 방법은 야간열차를 타고 비엔티엔에 내리는 것이었다. 여행 기간이 정해져 있는 할인 항공 티켓으로 인하여 루앙프라방과 방비엥만 둘러봤다.

세 번째 여행도 할인 항공 티켓이긴 했지만 비엔티엔을 출입국 기점으로 '루앙프라방 → 방비엥 → (비엔티엔) → 씨판돈'의 순서로 라오스 전역을 둘러보았다.

비엔티엔, 선택의 기로

라오스로 들어가는 길은, 양곤으로만 출입국을 해야 하는 미얀마를 제외하고는, 동서남북으로 열려 있다. 첫 여행지로 선택하지 않으면, 라오스 여행은 국제버스나 국제기차로 가능하다. 라오스로 가는 승차 시간이 늦은 밤이라면 여행자들은 어둠의 그림자에 덮여 있는 창 밖 풍경을 버리고 맑고 서늘한 새벽 기운을 맞이하면서 가슴을 활짝 열어 자연을 받아들이게 하는 기차여행을 선택할 것이다.

라오스로 가는 기차 여행은 태국 방콕에서 시작된다. 동남아 여

행을 방콕에서 시작하는 여행자들은 배낭여행자 거리 카오산로드에서 53번 버스를 타고 후알람퐁 역으로 가서 69침대 열차표를 끊는다. 열차를 기다리는 동안, 역은 여행자들에게 소일터가 된다. 역에서 심심 소일을 하다가 여행자들은 기차를 탈 때에는 언제나 서두른다.

여행자들은 후알람퐁 역에서 기차를 13~14시간 타고서 농카이 역에 도착하게 된다.

여행자들은, '서둘러 올라선 밤기차에/말없이 무표정한 사람들/구석진 창가에 내 몸을 묻은 채/또 난, 난 나는 떠난다'(김동률 · 이상순 「Train」)라는 노래를 흥얼거리기도 한다.

그렇게 흥얼거리다가 우연히 동행을 만나면, 여행자들은 '같은 기차간에서 우리는 여행을 해요/둘이서/또한 우리는 같은 방향으로 간답니다/둘이서/하지만 저는 당신을 몰라요/당신 또한 저를 알지 못하죠/그렇지만 잠시 후면 바뀌게 될 거에요/왜냐하면 조금 전 둘이 있는 같은 기차간에서/당신은 제게 미소를 지었고/제 눈 속에서 저의 이름을 알았으니까요/곧 천둥소리가

나면/우리 마음은 더 이상 가만히 있지 못할 거예요/온 열차 칸 중에 당신은 제가 누구보다도 좋아하니까요/같은 기차간에서 우리는 여행을 해요/둘이서/목적지에 이를 때면 우리가 더 행복하리라 저는 굳게 믿어요/그리고 만약 당신이 저와 같은 생각을 한다면/이 여행이 끝날 즈음엔/사랑이 우리를 그의 품 안에 안게 될 거에요/그리고 만약 당신이 저와 같은 생각을 한다면/이 여행이 끝날 즈음엔/사랑이 우리를 그의 품안에 안을 거예요/같은 기차 간에서 우리는 여행을 해요/둘이서/또한 우리는 같은 방향으로 간답니다/ 둘이서'(샹송 가수 마조리 노엘의 노래 「사랑은 기차를 타고」)라고 환상을 부를지도 모른다.

새벽녘 농카이 역에서 여행자들은 비엔티엔 '붓다파크'의 제작자 루앙 분르쓰리랏이 거의 똑같이 만든 '쌀라깨꾸'를 구경하거나 아니면 셔틀 열차를 타고 양국 국경에 놓여 있는 우정의 다리를 지나서 라오스 타나랭 역에 내린다.

여행자들은 뚝뚝을 타면서 '남푸'나 '조마 베이커리'라고 외치는 동시에 라오스 여행이 시작됨을 알게 된다. 수도 비엔티엔 여행의 이정표가 '남푸 분수'이거나 '조마 베이커리'임을 비엔티엔 시민들과 여행자들은 공유하고 동의하고 있다. 그 사이 메콩강변에 배낭여행자 거리가 있고 고적지들이 모여 있다.

여행자들은 남푸 분수에서 시작하여 왓 파깨우, 왓 씨싸켓, 딸랏 싸오, 빠뚜싸이, 탓 루앙을 차례차례 걸어 다니거나, 뚝뚝을 타고 다닌다. 여행자들은, 왓 파깨우에서 실제 옥으로 만들어진 에메랄드 불상을, 그 건너편에 있는 왓 씨싸껫에서는 원형을 그대로 간직한 가장 오래된 라오스 사원을, 왓 씨싸껫 건너편에 있는 불상 박물관을, 아침 시장이라는 뜻을 가진 딸랏 싸오에서는 식료품, 생필품, 기념품을, 프랑스 개선문을 본떠 만든, '승리의 탑'을 뜻하는 독립기념탑 빠뚜싸이에서는 비엔티엔의 전경을, 위대한 불탑을 뜻하는 탓 루앙에서는 순례를 오는 라오스 사람들을 만나게 된다.

더구나 11월에 여행을 하게 되면, 여행자들은 탓 루앙 축제를 즐기게 된다. 탓 루앙 축제는 11월에 일주일 정도 왓 시무왕과

탓 루앙 사이에서 열린다. 축제는 부처님 가슴뼈 사리가 모셔져 있다는 탓 루앙의 중앙 탑을 연꽃모양으로, 그 주위에 있는 작은 탑들을 부처님 모양으로 형상화한다. 축제는 전국에서 모여든 승려들이 새벽 딱밧(공양)을 하는 것으로 시작하여 왓 시무왕에서 출발한 승려들과 재가 신도들의 행렬이 탓 루앙에서 도착할 즈음 절정을 이룬다. 그 기간 동안 라오스 사람들은 전통 민속춤 람봉을 추면서 전통 가요 「버름위양잔(비엔티엔을 잊을 수 없다)」, 「구랍탠자이(마음 대신 장미)」, 「개오사오캠음(상처 받은 여자를 돌보며)」 등을 부르거나, 대나무로 만든 전통 악기 케엔으로 반주하여 「케엔 라오의 소리」, 「자유의 나라」 등을 부르거나 라오스 최초 10대 아이돌 팝가수 알렉산드라 분수웨이가 전통 민요나 가요를 발라드 곡으로 재구성한 사랑의 노래를 부르거나 우리나라 아이돌 가수들의 노래 같은 케이팝 등을 부르기도 한다.

탓 루앙에서 축제가 끝나면 여행자들은 메콩강변에 있는 카페에 하나둘 모여들어 나이트 마켓에 간다. 나이트 마켓은 메콩강변에서 50m

정도에 이르는 상설 야시장이다.

이곳에서는 노점상들의 땀막홍(파파야 샐러드), 뺑까이(닭고기 숯불구이), 땀미(라오스 매운 비빔밥), 까오쏘이(된장 국수), 카오비약 센(닭고기 국수) 등등을 즐기거나, 강가에 있는 포장마차에서 전통술 라오라오, 라오 비어 등을 마시면서 하루를 마감하기도 한다.

농카이에서 '쌀라깨꾸'를 구경하지 못한 다른 여행자들은 외곽 지역 뚝뚝이나 자가용 택시 혹은 딸랏 싸오 터미널에서 14번 버스를 타고서 씨앙 쿠안에 있는 '붓다 파크'로 구경을 가기도 한다.

여행자들이 '붓다 파크'에서 만나는 것은 시멘트로 만들어진 불상들과 힌두교 신의 형상들이다.

붓다 파크를 끝으로 비엔티엔의 여행은 끝나지만, 라오스 여행은 이제 시작이다. 비엔티엔을 기점으로 하여 남쪽에 있는 4천 개의 섬을 뜻하는 씨판돈으로 내려가서 고요 속에 침잠하든지, 북쪽에 있는 신성한 불상의 도시를 뜻하는 루앙프라방으로 올라가서 유네스코 세계문화유산을 보든지, 여행자들은 비엔티엔에서 선택의 기로에 서게 된다.

116

117

승리의 탑과 라마의 사랑 이야기

비엔티엔의 중심지는 란쌍 대로이다. 그 대로의 중심에는 프랑스 파리 개선문을 본뜬 기념탑이 있다. 그 기념탑은 라오스가 프랑스의 식민지였다가 1949년 독립을 하여 만든 승리의 탑(빠뚜사이)이다.

그 탑은 시멘트로 된 4층짜리 구조물이다. 탑의 1층 계단에는 부처 조각상들, 2~3층에는 가게, 4층에는 힌두교의 신들과 인도 대서사시 「라마야나」의 등장인물들이 벽화로 그려져 있다.

프랑스로부터의 독립을 기념하고자 과거 식민지였던 국가가 탑을 세운다는 것은 당연하다. 그것도 사회주의 국가에서는 더욱더 그럴 것이다. 그런데 승전의 탑에는 라오스와 그 민족구성원들의 참전, 승전에 관련된 기념물은 전혀 없고 부처상과 힌두교 신이 함께 있을 뿐이다. 최초의 통일왕조 시기인 13세기에 들어와서 여전히 국교 역할을 하는 불교의 부처와 '라마의 사랑 이야기'로 알려진 「라마야나」의 등장인물들을 왜 함께 새겨놓았을까? 아마 그 이야기가 무용담을 중심으로 의무와 순종 그리고 공덕을 가르치기 때문이라고 한다면 지나치게 사회주의 현실을 염두에 둔 발언일까?

방비엥, 풍경 속 역사의 상처

여행자들은 대개 다음 목적지를 정하지 않는다. 여행자들은 떠나고 싶을 때 떠나고 머무르고 싶을 때 머무른다.

페르시아의 신비주의 시인 잘랄루딘 루미가 시 「여행」(이성열 역)에서,

> 여행은 힘과 사랑을
> 그대에게 돌려준다. 어디든 갈 곳이 없다면
> 마음의 길을 따라 걸어가 보라.
> 그 길은 빛이 쏟아지는 통로처럼
> 걸음마다 변화하는 세계.
> 그곳을 여행할 때 그대는 변화하리라.

라고 넌지시 알려줄 때, 강변 게스트하우스, 강변 유적지, 강변 포장마차 등과 늘 함께 있는 여행자들은 메콩 강의 흐름에 따라서 마음의 길을 열어갈 것이다.

우연히 게스트하우스에서 사진집 『메콩』을 보면서 사진작가 마이클 야마시타가 '메콩 강에 가서 낚시를 하며 여생을 보낼 것'이라고 쓴 서언을 접하는 순간, 여행자들은 그곳이 어디인지도 모르고 떠날 것이다. 그렇게 떠난 여행자들이 머무르게 되는 곳은 방비엥이리라.

비엔티엔 북부터미널에서 4~5시간 버스를 타고 가면 방비엥에 도착한다. 방비엥 터미널은 비엔티엔과 루앙프라방을 연결하는 시골길 같은 국도변에 있다. 버스터미널에 내려서 산을 등지고 걸어가면 방비엥임을 알리는 게이트가 나오고 강변 쪽으로 가면 바로 여행자숙소들이 맞이한다.

방비엥은 여행자숙소를 중심으로 1~2시간 정도 걸어 다니면 다 볼 수 있는 시골마을과 같다. 시골마을에서 여행자들이 즐길 거리는 거의 없다.

뉴욕타임스가 '2008년 가봐야 할 관광지 베스트 53'으로 선정한 라오스에서 방비엥은 그대로 시골마을로 남아 있지만, 갑자기 많아진 할 거리, 놀 거리의 관광지가 되었다. 관광객들은 방비엥에서 약 20km 떨어진 블루 라군으로 트럭을 타고 가서는 카약이나 튜브를 타고 탐쌍 동굴이나 탐푸칸 동굴 속을 탐험하기도 하고, 쏭 강을 따라서 래프팅을 하기도 하고, 강변 높은 곳에서 밧줄을 타고 강 속으로 스윙 점프를 하기도 한다.

그러다가 지친 몸을 이끌고 다시 방비엥으로 되돌아온 관광객들은 강변을 따라서 늘어서 있거나, 마을을 가로지르는 길을 건너서 늘어선 카페나 주점, 음식점에 모인다.

그러나 며칠씩 머물러 있는 여행자들은 자연을 벗 삼아 라오스 토종 시눅 커피를 마시거나, 파파야 샐러드와 함께 라오 비어를 마시며 그냥 멍 때리기를 하고 있다. 그러는 사이, 일터에서 지칠 대로 지친 여행자들의 몸과 마음은 시나브로 사라지고 어느덧 자연과 하나가 되는 산수인물화 속으로 들어간다. 산수

를 배경으로 하여 속세에 얽매이지 않고 푸른 하늘과 밝은 달, 푸른 대지와 맑은 바람을 벗 삼아 살아가는 자연인을 그린 산수인물화처럼, 여행자들은 방비엥의 산과 메콩 강, 쏭 강과 하나가 된다.

산수인물화의 인물이 자연과 하나가 되듯이, 여행자들은 도시스러워진 방비엥을 떠나 블루 라군을 거쳐 산속으로 들어가서 한가로이 이리저리 거닐기도 하고 숲 속 빈터에 우두커니 앉아서 맑은 바람을 쐬면서 푸른 하늘을 바라보고는 실답게 웃음을 짓기도 한다. 마치 '왜 사냐건/웃지요'(김상용의 시)라고 하는 것처럼, '묻노니, 그대는 어이해 푸른 산에 사는가/웃을 뿐 대답하지 않으니 마음 절로 한가롭네'라고 「산중문답」(이백의 시)을 하는 것처럼 산속을 다니다가 여행자들은 우연히 산사람을 만나게 된다. 낮에는 가족과 함께 강변에서 채집을 하여 살아가지만, 밤에는 깊은 산속에서 살아가는 사람들이 몽족임을 알고는 여행자들은 자기만 짓던 웃음을 멈추고 자연 속에 가려진 삶을 보게 된다.

더구나 그 여행자들이, 미국 소설가 앤 패디먼의 『리아의 나라』를 읽었거나 클린트 이스트우드가 감독, 주연한 영화 〈그랜 토리노〉를 보았다면, 방비엥에서 아름다운 자연의 풍경이 슬픈 역사를 가리고 있음을 새삼 느끼게 될 것이다. 그 슬픈 역사는 원래 중국 중북부 지역 토착민이었던 몽족이 동남아시아 고산 지대에 흩어져 살면서 떠돌아다니고 있다는 것이다.

『리아의 나라』가 베트남 전쟁으로 난민이 된 몽족 가족의 생후 3개월짜리 여아의 간질 발작을 둘러싼 부모와 미국 의료진 간의 갈등을 그린 작품이라면 영화 〈그랜 토리노〉는 백인

들이 거의 떠나고 몽족 이민자들이 집단으로 거주하고 있는 마을에서 1972년 포드사의 자동차 그랜 토리노를 훔치려는 몽족 소년 타오와 자동차 공장에서 은퇴한 월트 간의 우정을 그린 작품이다.

이 작품들에서처럼 몽족은 미국 정부의 억압으로 베트남 전쟁에 참전했다가 종전 후 버림을 받고 공산주의 국가 중국, 베트남, 캄보디아, 라오스, 미얀마의 적이 되었으며 태국마저 받아들이지 않는다.

몽족은 미국의 외면으로 동남아시아 국가들로부터 버림받고 고산지대로 들어가서 국적 없는 민족으로 살아간다. 라오스는 1975년 베트남 전쟁의 종전과 같이 내전이 종식되고 공산국가가 되자 몽족을 라오 텅(고지대)족으로 받아들였을 뿐이다. 1975년 개정한 라오스 국가(國歌)는 '오랜 옛날, 라오족은 아시아에서 제일가는 종족이었다네/그것은 라오족이 단결과 사랑으로 가득했기 때문이지'라고 하고 있다. 그러나 몽족은 고산지대에 살기에 라오 텅(고지대)이라는 명칭이 인위적으로 붙여졌지만 라오족—라오 룸(저지대)과 라오 숭(중간지대)—이 아니었기에 '단결과 사랑'에서도 배제되었다.

블루 라군에서 산속을 다니다 보면 여행자들은 어린이 어른 할 것 없이 돈을 구걸하러 다니는 사람들, 사진을 찍으면 손을 벌리는 사람들을 만나게 된다. 베트남 전쟁은 끝났지만 아직도 끝나지 않는 전쟁 속에서 살고 있는 사람들을 만나면 여행자들은 '왜 사냐건' 자문에 자답을 할 수 없게 된다. 흔히들 은둔의 나라라고 일컫는 라오스에서 자연에 숨겨진 역사를 본다는 것은 여행자의 발길을 무겁게 한다. 그 무거운 발길을 어디로 돌려야 할까?

오랜 지인을 만나다

홀로 배낭을 메고 다니는 여행자들은 다른 배낭 여행자들과 동행이 되어 같이 돌아다니는 것을 그리 부담스러워하지 않는다. 아니 오히려 기뻐할지도 모른다. 그것보다도 더 큰 기쁨은 먼 이국에서 여행을 하는 도중 우연히 오랜 지인을 만나는 것이다. 루앙프라방에서 출발하여 비엔티엔으로 거의 9시간 정도를 가는데, 낭떠러지에 떨어질 것 같은 울퉁불퉁한 산길에 언제 바닥에 주저앉을지도 모르는 낡고 좁은 의자에 겨우 걸터앉아 버스를 타고 가면서 그 시간 동안 라디오에서 흘러나오는 찍찍거리는 쇳소리를 곁들인 유행가와 함께 쉬지 않고 떠들어대는 이

방인의 말을 들어야 한다는 것은 얼마나 고역인가? 그렇게 몇 시간을 보내면서도 중간 기착지가 종착지에 가까운 한 곳뿐이거나, 자리를 바꿀 수도 없을 때 사람들은 어떻게 할까?

거의 8시간을 그렇게 보내다가 종착지를 1시간 정도 앞두고 유일한 중간 기착지에 내렸다. 방비엥 첫 방문은 그렇게 시작되었다.

게스트하우스를 잡고 한숨을 돌리는데 낯이 너무 익은 투숙객과 우연히 눈이 마주쳤다. 소설가 조갑상 교수였다. 80년대 중반 군사독재 정권이 당시 계간지들을 폐간하자, 나는 조 교수와 무크지를 창간하면서 몇 년간 문학운동을 함께했다. 그 후에도 부산 지역 대학에 있으면서 때로는 함께, 때로는 어깨너머로 서로의 길을 가고 있었다.

연구차 베트남에 간다는 말을 전했던 조 교수 부부를 라오스 방비엥에서 우연히 만나다니, 정말 우연일까? 그날 우리가 숙소에서 조금 떨어진 음식점에 가서 이런저런 이야기를 하고 있는데 음식점 주인은 자기 집에 부산 예술가들이 다녀갔다고 하면서 극단 일터의 기념 셔츠를 보여주었다. 이게 정말 우연일까? 불교 국가에서는 우연이 아니라 필연일 것이다.

루앙프라방,
과거 공간과 현재 시간

방비엥은 루앙프라방과 비엔티엔을 왕래하는 버스의 중간 기착지이다. 방비엥에서 출발한 여행자들에게 다음 기착지는 비엔티엔 아니면 루앙프라방이다. 방비엥에서 루앙프라방으로 가기에는 버스로 대략 7~8시간이 걸린다.

여행자들은 이미 폐차하고도 남을, 그것도 VIP 버스를 타고, 때로는 웅덩이와 옹당이가 곳곳에 파여 있는 스무 고개를 더 넘어서, 때로는 꺆아지른 듯한

절벽 위를 외길로 가거나, 때로는 산허리 바윗돌이 금방 쏟아져 내릴 듯한 외딴길을, 때로는 운무 속으로나 운무가 걷히면서 푸른 햇살을 받고 푸른 하늘을 보면서 간다.

버스가 루앙프라방 남부터미널에 도착하면 여행자들은 마치 일행인 양 쑥스럽지 않게 뚝뚝을 타면서 한 목소리로 조마 베이커리라고 외친다. 뚝뚝 기사는 그 외침을 듣고는 씩 웃고 고개를 끄덕거리면서 조마 베이커리를 향해 속력을 낸다.

비엔티엔에서처럼 조마 베이커리는 루앙프라방 여정의 이정표일 뿐만 아니라 중심지이다. 루앙프라방에서 모든 길은 조마 베이커리로 통한다. 조마 베이커리 앞 도로는 루앙프라방의 메인 거리이며, 조마 베이커리와 메콩 강변 사이에 여행자거리가 있다. 뚝뚝에서 내리면 여행자들은 기다린 듯 조마 베이커리 뒤쪽에 있는 여행자거리로 들어가서 숙소를 잡는다. 여행자들은 더러는 같은 숙소를 쓰거나 더러는 한두 집 건너 숙소를 쓴다. 루앙프라방에 같은 시간에 도착하여 같은 뚝뚝을 타고 가면 여행자들은 자연스럽게 여정의 동행이 되거나 이웃이 된다.

루앙프라방의 여정은 여행자거리와 같이 유적지가 몰려 있는 구도심이다. 여행자들은 낮에는 숙소에서 출발하여 구도심을 돌다가 밤에는 나이트 마켓으로 간다.

낮의 여정은 푸씨를 중심으로 불교사원들을, 보트를 타거나 대나무 다리를 건너서 메콩 강변에 있는 전통 부락을, 전통 부락을 지나서 고산지대로 가서 소수민족들—라오테웅족, 크무족, 마오족, 몽족 마을을 둘러보는 것이다.

밤의 여정은 나이트 마켓을 중심으로 달라시장, 몽족시장, 다위앙캄시장을 돌아보거나 메콩 강변을 따라서 늘어선 카페를 순례하는 것이다. 그러고도 여유가 있으면, 여행자들은 1시간 정도 보트를 타고 4,000여 개의 불상을 모신 빡우 동굴이나, 송태우를 1시간 정도 더 타고 꽝씨 폭포로 갈 것이다.

루앙프라방에서 여정은 새벽에 시작한다. 오전 6시가 되면 딱밧(탁발)을 나온 승려들의 행렬과 공양을 하는 신도들, 그리고 공양에 참가하거나 구경을 나온 여행자들로 아침이 열린다.

딱밧이 끝나면 여행자들은 대개 달라시장에 가서 아침식사를 하고 구도심 사찰순례에 나선다.

구도심 사찰순례를 통하여, 여행자들은 왓 씨앙통에서는 라오스 사찰의 원형을, 왓 마이에서는 스리랑카에서 가져온 신성한 불상 파방을, 왓 쑤니나랏에서는 부처의 유골 중 일부를 보관하고 있다는 불탑 탓 빠툼을, 왓 아함에서는 보리수 나무를, 왓 탓 루앙에서는 왕실 사원의 모습을, 왕궁박물관에서는 루앙프라방의 역사를 본다. 구도심 순례의 절정은 푸씨에서 이루어진다. 여행자들은 루앙프라방 어디에서나 보이는 황금색 불탑이 있는 푸씨의 정상에서 루앙프라방을 에워싸고 있는 산들, 메콩 강, 칸 강을 그리고 일몰의 장관을

같이 본다.

여행자들은 밤에는 나이트 마켓과 다른 시장에 가서 라오스 전통 음식들, 카우니아우(찰밥), 퍼(쌀국수), 미 끄롭(튀긴 면), 삥 까이(닭고기 구이) 등을 먹고 기념품을 산다. 특히 나이트 마켓 중간 지점 옆 골목에 있는 먹자거리에는 여행자들이 넘쳐난다. 그 골목에는 접시 하나에 음식을 담을 수 있을 만큼 담

아서 먹을 수 있는 뷔페, 메콩 강의 민물고기를 요리하여 주는 음식점, 채식 전문점, 우리 것을 그대로 가져온 풀빵이나 호떡집, 갖가지 주스만 파는 가게 등이 늘어서 있다. 그 골목을 지나서 강변으로 내려오면 라오스 전통 술과 맥주를 파는 포장마차를 비롯하여 라이브 카페, 재즈 카페 등 강변 레스토랑이 여행자들을 기다린다.

루앙프라방에서 단 하루라도 낮과 밤을 보내면, 왜 유네스코가 이곳을 세계문화유산도시로 지정하고, 뉴욕타임스가 라오스를 '2008년 가봐야 할 관광지 베스트 53'에서 1위로 선정했는지를 이해하게 된다.

무슬림 예술가, 전통 공연의 복원

루앙프라방에서 여행자들은 구도심에 머물러 있지 신도심에는 거의 가지 않는다.

구도심 공간에 있는 세계문화유산들은 현재 시간에도 유형 유산으로 남아 있지만, 그 과거의 시간에 함께 가졌던 무형 유산은 거의 사라져간다. 여행자들이 루앙프라방에서 볼 수 있는 전통 공연은 왕궁박물관 공연장에서 행해지는 극장식 쇼와 같은 공연물뿐이며, 그 공연장은 언제나 잠겨 있는 것 같다. 여행자들은 루앙프라방 지역에서만 전승되는 노래, 춤 등 공연물이 보고 싶을 것이다.

그 실제 공연이 아니라도 세계적인 비디오작가 겸 영화감독

쉬린 네샤트가 '게임즈 오브 디자이너'라는 전시 속에서 〈욕망의 유희〉라는 '2채널 영상작품'을 통하여 루앙프라방의 사라져가는 전통 민중문화를 볼 수 있게 한 것은 다행일지 모른다.

그녀는, 1979년 이슬람혁명으로 페르시아 문화와 풍습 대신 이슬람 문화가 파고든 조국 이란처럼 1975년 공산화 이후 라오스에서도 전통적인 문화가 점차 사라져가고 있음을 발견한다.

그녀는 루앙프라방을 배경으로 노인들이 전통 결혼식이나 축제 등에서 노골적인 성적 내용으로 구애를 하면서 손짓과 함께 어깨를 들썩이며 신나게 주고받는 노래를 '2채널 비디오'에 담아서, 관련 사진들과 함께 보여주었다. 그것도 2010년 6, 7월 서울에서.

씨판돈, 4천 개의 섬

씨판돈은 캄보디아 국경에 접해 있는 최남단 지역으로서 메콩 강에 형성된 '4천 개의 섬'이라는 뜻을 가진 지명이다. 그 섬들은 돈 콩, 돈 콘, 돈 뎃을 제외하고는 무인도들이다. 돈 콩이 가장 큰 섬이긴 하지만 여행자들은 대부분 돈 콘과 돈 뎃으로 간다. 돈 콩으로는 바로 가거나 선착장에서 배를 갈아타고, 돈 콘, 돈 뎃으로 가는 출발지는 빡세 남부터미널이다.

빡세는 1946년 라오스 왕국이 건설되기 직전까지 참빠삭 왕국의 왕도였다. 참빠삭 왕국은 라오족에 의한 최초의 통일 왕조 란쌍 왕국(1353년)이 세 개의 왕국(1713년)으로 나누어지면서 비엔티안 왕국, 루앙프라방 왕국과 함께 태국에게 공물을 바치는 제후 지역이 된다. 그 후 라오스가 프랑스 식민지가 되자, 왕도 빡세는 남부지역을 통치하기 위한 식민지 지배도시로 건설되어 오늘에 이르렀으며 참빠삭 주의 주도가 된다.

빡세는 라오스 유적지를 둘러보기 위한 거점 도시가 아니다. 이곳에서 그다지 멀지 않는 참빠삭에 크메르 제국의 앙코르 유적 왓 푸이가 있긴 하지만 머물러 있을 곳은 아니다. 오히려 빡세는 장기 휴식과 휴양을 위하여 배낭여행자들이 씨판돈으로 가는 여정의 경유지이다.

빡세에서 씨판돈으로 가는 길에서는 시골길을 달리는 우마차와 같이 가끔은 널뛰기를 하면서 트럭버스의 천정이나 손잡이에 부딪치기도 하고 옆 사람의 무릎에 앉거나 발을 밟기도 한다. 트럭버스가 흔들릴 때마다 널뛰는 외국인 여행자들을 보고 라오스 사람들은 미소를

머금고 해맑게 웃으면서 먹거리도 건네기도 하고 라오 맥주를 권하기도 한다.

송태우를 타고 가는 동안 여행자들은 그렇게 맑고 순박한 얼굴, 따뜻한 시선, 물결 잔잔히 퍼지는 듯 평화로운 미소, 해맑은 하늘빛 웃음을 띤 라오스 사람들을 만나는 기쁨도 가진다. 그 기쁨으로 여행이 넉넉해질 때, 송태우는 배에 실려 강을 건너고, 돈 콩에 승객들을 내려주고 떠난다.

돈 콘이나 돈 뎃을 가는 여행자들은 다시 배를 타고 강을 건너간다. 통행세를 받는 작은 다리를 사이에 두고 돈 콘과 돈 뎃은 마주 보고 있다.

돈 콩이나 돈 콘, 돈 뎃에서의 여정은 단순하다. 그 여정은 돈 콩에서는 왓 푸앙깨우, 돈 콘과 돈 뎃에서는 리피 폭포나 콘파펭 폭포를 가거나 맹그로브 숲을 둘러보거나 돌고래를 관찰하거나 할 뿐이다.

여행자들은 대부분 돈 뎃의 북단에 늘어선 방갈로나 강변에 지어진 게스트하우스에 자리를 잡고 그저 머무를 뿐이다.

머무르는 동안 여행자들은 가지고 온 책이나, 이미 떠난 방문자들이 남기고 간 책, CD, DVD 등을 보기도 한다. 그 가운데 루앙프라방과 빡세를 배경으로 한 영화를 볼 수 있는 기회가 찾아오기도 한다.

영화 〈싸바이디 루앙프라방〉을 주인의 해설과 곁들어 볼 수 있다는 것은 정말 행운이다. 영화는, 그 제목과 달리, 빡세와 씨판돈을 주요 배경으로 하고 있다. 내용은 태국 잡지 신문기자와 라오스 여성 간의 결혼을 둘러싸고 일어난 코믹 멜로드라마이다. 가이드인 캄은 친구의 부상으로 참빠삭에 취재 온 기자 첸

을 빡세와 씨판돈으로 안내한다. 그들이 다니는 곳은 씨판돈의 명소들, 왓 푸앙깨우, 리피 폭포, 콘파펭 폭포, 맹그로브 숲, 돌고래 관찰지 등이다. 곳곳을 둘러보는 동안, 멜로드라마에서 항상 그렇듯이, 사소한 일이나 실수로 짜증을 내다가 다투는 가운데 남녀 주인공들은 서로에게 살며시 마음이 끌린다. 그러는 사이 취재를 마치고 헤어지면서 서로가 재회를 약속한다. 그 재회의 순간은 그러나 운명처럼 주어지지 않는다. 멜로드라마에서 재회가 늘 방해받듯이 기자 첸의 전 애인이 끼어들어 훼방을 놓지만, 이들은 서로의 사랑을 다시 확인한다. 그 확인은 두 손을 맞잡고 아침 해를 바라보면서, 아니 저녁놀을 바라보면서 이루어지지 않을까? 마치 돈 뎃에서 섬의 동쪽을 일출 지역, 서쪽을 일몰 지역이라고 하듯이.

나그네들만 있는 외딴 섬에서 멜로드라마를 보고 나서는 어떻게 해야 할까? 할 일 없이 동네를 돌아다닐까? 돌아다녀도 여행자들이 마주치는 풍경은 언제나 그대로이다. 눈부시게 푸른 하늘과 푸른 강, 물속에서 자라나는 나무들로 뒤덮인

맹그로브 숲, 그 강과 숲에서 살아가는 사람들. 햇살 가득히 넘쳐나는 벌판과 벌판에서 움직이듯 움직이지 않는 듯 풀을 뜯는 소들, 푸른 하늘을 이고 있는 야자수와 따가운 햇살을 피해서 그늘에서 낮잠을 자는 개들 그리고 추수를 하는 농부들.

장기 체류자 미니와 함께

씨판돈에서 10일을 머물면서 돈 뎃 게스트하우스와 식당을 운영하는 일명 미니와 함께한 시간이 있어 기뻤다. 그는 스웨덴 출신으로서 10년 전에 돈 뎃에 여행을 와서 라오스 여성과 결혼을 하고 눌러 살고 있다. 그는 돈 뎃에서 자연 속의 인간이 너무나 미약하고 하찮은 존재라는 생각 끝에 스스로 미니라고 이름을 지었다고 했다. 그러고는 돈 뎃에서 사람의 하찮은 모습 그대로 자연 속에서 살기로 했다고 한다. 그가 들려주는 이야기들은 세속의 욕망을 훌훌 날려버리고 스스로를 구원하는 삶이 자연 그대로의 삶이라며 마치 불교의 우화와 같았다. 여행을 다니다 보면 여행지가 그냥 좋아서 그대로 눌러 사는 사람들을 만나게 된다. 그 사람들은 결코 행복이나 불행을 말하지 않았다. 태국 방콕에서 만난 영국인 친구나 끄라비에서 만난 대구 여대생, 말레이시아 말라카에서 게스트하우스를 운영하고 있는 서울 여성, 그리고 캄보디아 시하눅 여행자 거리에서 핫도그를 파는 독일인 등 그들은 삶을 있는 그대로 받아들이며 살아가고 있었다. 나도 자연으로 돌아갈 수 있을까?

3부

캄보디아,

끝나지 않는 과거로 되돌아가기

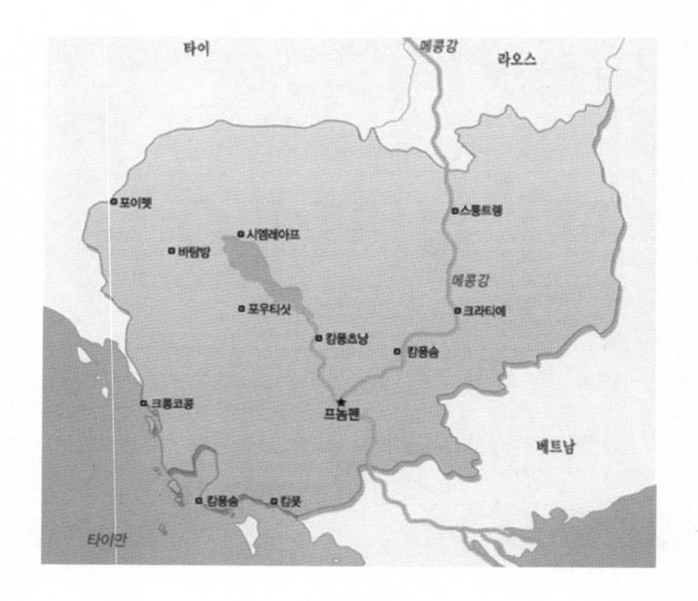

특정 도시나 지역만 가는 것을 제외하고, 나는 약 한 달에 걸쳐서 캄보디아를 여행했다. 이전에는 부산대 불자교수회의 일원으로, 이후에는 미얀마, 터키, 인도네시아 등을 가는 길에 환승하면서 여행을 하기도 했다.

앙코르 왓, 종교에서 세속으로

앙코르 왓으로 가는 가장 쉬운 방법 가운데 하나는 방콕 룸피니 공원에서 카지노 버스를 타고 아란야쁘라텟으로 가서 국경을 넘어 캄보디아 뽀이뻿으로 들어가는 것이다. 뽀이뻿에서 앙코르 왓 모형으로 된 문을 지나면 씨엠립에 이른다.

씨엠립에서 시작하는 앙코르 왓의 일정은, 물론 여행자마다 다르지만, 대체로 뚝뚝 기사와 함께 기본 일정을 정하고 그다음에는 여행자 자신의 스타일에 맞게 여정을 짠다. 여행자들은 짧게는 2~3일의 여정을, 길게는 1~2달의 여정을 짠다. 짧거나 긴 일정 속에 기본적으로 거치는 곳은 앙코르 왓이 위치하고 있는 사원집단 유적지, 앙코르 톰, 앙코르 왓 외곽 지역 룰루스 유적집단지, 프놈끌렌 국립공원, 톤레샵 호수 그리고 지뢰박물관, 전쟁박물관 등이다. 프놈끌렌 국립공원을 제외하고는 여행자들은

여권사본을 맡겨놓고 빌린 자전거를, 삼륜 오토바이를 개조한 뚝뚝을, 더 이상 망가질 것이 없는 자가용을 타고서 다닌다.

앙코르 왓을 중심으로 유적지를 다니면서 여행자들은 현지에서 코흘리개 어린이들이 파는 앙코르 왓에 관한 복사본을 보거나 이미 준비해 온 책들이나 문헌 등을 보면서 저자들이 제공하는 정보들을 유적을 통해서 확인하기도 한다. 그 정보의 양이 너무나 많고 서로 다르고 불명확한 것임을 알면서도 여행자들은 기본적으로 몇 가지 사실에는 이의를 달지 않는다. 앙코르 왓이 힌두교의 교리에 따라서 만들어졌다는 것, 그 건립자 수리야바르만 2세가 사후에 신의 세계로 들어가는 서문을 정문으로 하여 신정일치를 꿈꾸었다는 것, 제국 프랑스 학자들이 식민지 캄보디아의 고고학적 탐사를 널리 행했다는 것 등등.

전문가나 관련 학자들은, 실체가 이미 사라지고 기억의 흔적만 남은 역사를 끊임없이 새롭게 재구성하면서 제국과 식민지에 관한 사실을 잊은 채, 앙코르 왓에 대한 고고학적 탐사를 통해서 새로운 이야깃거리를 만들어낼 것이다.

그 자리에 앙드레 말로가 "앙드레 말로의 경우"라는 간판으로 반티스레이 사원 앞에 서 있었다. 그 간판에는 말로가 반티스레이 유적들을 골동품 수집가에게 팔고 무희 압살라 조각상을 프랑스로 밀반출하려다가 프놈펜에서 적발되어 1년간 감옥살이를 했다고 적혀 있다. 말로의 아내는 무희 압살라 조각상의 밀반출

사건을 토대로 소설 『왕도』를 창작했다고 말했었다.

『왕도』는 클로드와 페르캉이 인도차이나 반도에서 발견되지 않은 오래된 사원을 찾아가는 과정을 다루고 있다. 그 과정에서 주인공 클로드와 페르캉에게 가장 중요한 사건은 무희 압살라를 새긴 조각상을 발굴한 것이다. 그들은 압살라 조각상을 보고 '그 돌은 바로 거기 있었다, 살아 있고 수동적이며 거부를 할 수 있는 존재'로서, '몽롱해진 정신으로부터 성적인 쾌락이 올라오고 있었다. 그는 다시 돌과 혼연일체가 되었다'라고 고백한다. 그 고백은 돌 조각상을 살아 있는 여인으로, 그 여인과의 성적인 합일에 의해서 마침내 혼연일체가 되었다는 것이다. 성적인 합

일에 의한 혼연일체야말로 힌두교와 대승불교가 결합되어 있는 앙코르 왕조 시대에 밀교가 말하는 구도가 아닐까?

압살라에 관한 프랑스 예술가들의 관심은 말로보다도 먼저 로댕에게서 시작되었다. 로댕은 1906년 마르세이유 식민지 전시에서 캄보디아 무희들의 압살라 댄스를 보았다.

그 후 로댕은 44편에 이르는 〈캄보디아 무희들〉이라는 데생 작품을 남긴다. 로댕은 '이 춤은 예술적이기에 종교적이다. 종교적인 예술과 예술을 나는 언제나 혼동하고 있다. 종교가 사라지면 예술도 없기 때문이다'라고 하면서 압살라를 종교와 예술의 일체로 예찬했다.

로댕이나 말로가 예찬한 압살라는 종교와 예술이 일체된 것이며, 앙코르 유적지 벽화들의 가장 중요한 장면이다. 그 압살라를 여행자들은 낮에는 저 찬란한 문명의 유적에서 기억의 흔적으로 확인하고, 밤에는 그 기억의 흔적을 통하여 과거와 미래를 넘나드는 상상으로 만들어간다. 그러나 씨엠립에서 압살라는 언제든지 관람할 수 있는 극장식 카페의 쇼가 되어가고 있다.

씨엠립은 인구 20만 명에 도 미치지 못하는 작은 도시이지만 중심 지역에는 관광객이 넘쳐나는 도시이기도 하다. 중심 지역에는 마켓들—올드 마켓, 센트럴 마켓, 럭키 마켓, 나이트 마켓 등이 자리 잡고 있으며, 8번가 팝 스트리트를 중심으로 라이브 공연을 하는 카페들, 저렴한 식당들과 마사지 샵들이 몰려 있어서 여정을 마치고 휴식을 취하기에 좋은 곳이다. 그 휴식의 중심에 종교와 결합된 예술 압살라가 세속으로 내려온 것이다. 이제 앙코르 유적도 관광자원이라는 세속의 옷을 입어가면서 그 실체는 사라지고 신화라고까지 할 수 없는 저자의 이야깃거리로 내려오고 있는 것은 아닐까?

캄보디아라는 국명을 말하는 순간 배낭여행자들은 킬링필드보다 앙코르 왓을 먼저 떠올린다. 민주 캄푸치아 혹은 크메르 루즈의 대학살 현장 킬링필드는 정치적 이데올로기적 장소이지만, 크메르 문명의 유적지 앙코르 왓은 문화적, 인문적 장소이기 때문일까? 아니면 죽은 정권의 일인자 폴 포트와 치매에 걸린 여성지도자 이엥 사리가 결석한 채 진행되는 킬링필드 전범 재

캄보디아

끝나지 않은 과거로 되돌아가기

판과 같이, 킬링필드가 이미 존재하지 않는 것을 재구성해야 하는 현장이라면, 앙코르 왓은 크메르 민족의 정신이 구체화되고 수세기에 걸쳐서 아주 특별한 상징물로 남게 된 정신적 물질적 장소이기 때문일까?

프랑스 역사학자 피에르 노라가 말한 것처럼, 여행자들은 크메르 민족과 크메르 문명을 담고 있는 앙코르 왓에서 기억의 장소를 포착하거나 흔적을 찾아내는 것이 아니라 기억의 장소가 간직하고 있는 기억들을 펼쳐낼 수 있을까? 프랑스 작가 아나톨 프랑스의 말처럼 '안다는 것은 전혀 중요하지 않다, 상상하는 것이 가장 중요하기' 때문이다.

유적지에서 살아가는 사람들

씨엠립에 가면 유적지만 볼 수 있는 것은 아니다. 그것도 배낭여행으로 10일 정도를 다니다 보면 그 유적지 속에서 현재 살아가고 있는 사람들의 모습이 보인다.

동남아시아 여행 전문 카페 태사랑에서 친절하고 착하고 우리말도 조금은 한다고 소문이 난 뚝뚝 기사 타비를 만나서 나는 4일 동안 같이 다녔다. 그리고 게스트하우스에서 만난 외국 여행자들과 함께 차를 빌려서 6일 동안 다녔다.

어느 유적지나 관광지에 가도 으레 그렇듯이 씨엠립 센트럴 마켓, 올드 마켓, 나이트 마켓, 펍 스트리트 등에서도 라이브 공연, 거리 공연, 거리 미술 등을 만날 수 있다.

1985년은 산악지방으로 피신한 크메르 루즈와 베트남의 지원을 받는 훈센의 정부군과의 내란이 시작된 해이다. 그해 정부군은 앙코르 왓에 진입하여 찬란한 크메르 문명의 유적지를 일시 폐쇄한다. 킬링필드라는 죽음의 대학살을 겪었고 다시 내전으로 찬란한 크메르 문명의 유적지마저 학살의 고통을 겪었다고 표현한다면 지나친 것일까?

1985년에서 오늘에 이르기까지 훈센의 독재 속에서 살아가는 사람들에게 유적지는 문명의 흔적이 아니라 생존의 땅이 되어버린 것일까?

씨엠립 시내는 물론 시외를 벗어나도 생존의 고통은 널려 있다. 톤레삽 호수에서 수상생활을 하는 사람들도 마찬가지일 것이다.

킬링필드, 역사의 현장과 기억의 문화 사이에서

씨엠립에서 캄보디아 여행을 시작하면 다음 순서는 프놈펜으로 가는 것 같다. 씨엠립에서 프놈펜으로 갈 때, 배낭여행자들은 스피드 보트나 버스를 이용한다.

육체적 안락함을 버리고 자연을 있는 그대로 받아들이려는 여행자들에게 스피드 보트는 아주 유익하다. 스피드 보트를 이용하면, 여행자들은 수평선과 맞닿은 하늘을 이고 있는 광활한 호수와 강, 강변에서부터 이어지는 끝없는 들판, 그 들판의 끝에 있는 지평선과 맞닿은 하늘과 그 푸르름 속에 온갖 모양을 하고 있는 구름 떼, 강가에서 뛰어노는 아이들, 그 아이들에게 곧 세례를 줄 것 같은 멀리 곳곳에 내리는 보일 듯 보이지 않는 스콜들, 그 스콜들과 함께 하늘다리를 만들어내는 여러 쌍의 무지개들을 만난다. 스피드 보트를 타고 가면서, '자연의 자태만 보아도 그것은 하나의 즐거움이다'라는 미국 사상가 에머슨의 말과 같이, 여행자들은 육체적 안락함 대신에 자연의 즐거움을 선택한 기쁨을 누릴 것이다.

그러나 '여행은 경치를 보는 것 이상, 깊고 변함없이 흘러가는 생각의 변화'라는 미국 역사학자 버드의 말에 동의한다면 여행자들은 버스를 타려고 할 것 같다. 대략 6시간 동안 버스를 타고 가면서 여행자들은 온몸을 안락의자에 맡긴 채 차창에 기대어 창밖의 경치를 따라 가면서 끝없는 상상 속으로 빠져들거나 선잠을 자다가 잠시 깨어나서 차창 밖 푸른 하늘을 품고 다시 상상 속으로 빠져들어 간다. 여행자들은 선잠과 자연을 반복적으로 경험하다가 다시 신발끈을 묶고 배낭을 동여매고는 프놈펜의 도시 속으로 발을 들여놓게 된다.

프놈펜에 도착하면, 삐끼들의 끊임없는 성가심을 뒤로 하고 여행자들은 메콩 강변 여행자거리에 자리를 잡는다. 여행자들은 혼자서 걷거나 자전거를 빌리거나 뚝뚝 기사와 흥정을 하거나 숙소에서 만난 사람들과 공동으로 택시나 자가용 등을 빌리거나 여행사의 시티투어를 통해서 여정을 잡는다.

그 여정은 왓 프놈을 중심으로 하여 왓 우날롬, 실버 파고다,

왓 보틈 등으로 사찰 여행을, 프싸 트마이(싸 트마이 중앙시장)을 중심으로 하여 쏘~리야 마켓, 럭키 마켓, 프싸 담꼬(싸 담꼬 야채 시장), 프싸 뚜얼뚬봉(러시안 마켓), 프싸 오르싸이(상황버섯 시장) 등 시장 여행을, 뚜얼슬랭 박물관과 킬링필드 등 역사 여행을 테마로 설정하면서 국립박물관, 왕궁 등을 다니기도 한다.

사찰 여행에서, 여행자들이 가지는 큰 기쁨은 캄보디아 현대 고승들을 만나거나 그 말씀을 접하는 것이다. 왓 프놈과 가까운 거리에 있는 왓 쌈뽀미야스에는 마하 고사난다 스님의 동상과 그의 시봉 사리츠 스님이 계신다. 강원룡 목사가 '살아 있는 부처'로 칭송한, 혹은 '킬링필드의 살아 있는 보살'로 불리는 고사난다의 삶을 그의 시봉 사리츠 스님에게 듣는다는 것은 여행자에게는 큰 기쁨이다. 그러다가 때가 맞으면 여행자는 캄보디아 스님들과 함께 '워크 위드 담마(부처님 말씀과 함께 걷기)'로 전국을 순례하는 기쁨도 더할 것이다.

여행자들은 사찰 순례를 하는 과정에서 왕궁이나, 국립박물관, 마켓 등에도 들러서 환전을 하거나, 여행용품을 사거나, 식사를 하거나, 선물을 살 것이다.

여행에는 즐거움만이 있는 것은 아니다. 프랑스 소설가 카뮈가 '즐거움은 우리를 자기 자신으로부터 떼어놓지만 여행은 스스로에게 자신을 다시 끌고 가는 하나의 고행이다.'라고 말한 것처럼, 프놈펜에서 킬링필드로의 여정은 여행자를 '고행'으로 이끌어 간다. 그 고행의 시작은 뚜얼슬랭 박물관이다. 뚜얼슬랭 박물관에서, 여행자들은 박물관이라는 낱말에서 연상되는 유적, 문화, 학술 대신 폭력, 잔혹, 광기 등을 떠올린다.

크메르 루즈 시절 보안대가 고문실과 감옥으로 사용했던 박물관은 고문과 그 도구들, 혁명과 유토피아 건설이라는 이름으로 자행된 대학살의 명령자, 집행자, 처형당한 사람들의 유골들, 그 모든 사진들이 전시되어 있다.

뚜얼슬랭 박물관을 나오면 여행자들의 발길은 저절로 그 현장으로, 곧 킬링필드의 현장으로 옮겨진다. 킬링필드에 가면 여행자들은 자신도 모르게 고개 숙여 묵념을 하고 혁명의 폭력 앞에서 사라진 분들의 유골을 본 다음 그 사실을 기록한 다큐멘터리를 본다. 그러고는 캄보디아 내 이런 킬링필드가 200개 곳이 넘는다는 해설사의 설명을 듣고 여행자들은 그 기억의 현장을 빠져나온다.

여행자들은 대학살의 집행자 보안대와 그 집단처형의 장소를 박물관으로, 그 현장을 기념관으로 받아들일 수 있을까? 역사 현장에 대한 공공의 기억에 관광자원, 문화자원의 옷을 덧칠하는 이유는 무엇 때문일까? 더구나 여행자들은, 베트남군이 캄보디아를 침공해 크메르 루즈 정권을 붕괴시킨 1월 7일을 '학살 정권에 대한 전승기념일' 혹은 '국가재탄생일'로, 크메르 루즈가 정권을 잡고 가족관계의 해산 명령을 내린 5월 20일 '분노의 날'

로 지정한 것을 기념일로 받아들일 수 있을까? 공공의 기억에 문화의 옷을 입혀서 문화기억으로 바꾸어 가는 이면에는 무엇이 있을까? 킬링필드 전범 재판이 지연되는 이유와 같은 것일까?

여행자들은 대학살의 전시 현장을 문화기억의 장소로, 관광기억의 장소로 받아들이면서 밤의 문화에 젖어가는 것이 아니라 바티 호수로 발길을 옮긴다.

바티 호수에서 여행자들은 풍요와 정화를 상징하는 호수(사바스)를 가진 여신(바티)을, 언어와 지혜를 상징하는 그 여신의 불교 이름 변재천을 만날 수 있을까? 그 여신을 만나면, 킬링필드는 관광과 문화의 덧칠을 벗겨내고 다시 공공의 기억으로 전해질 수 있을까?

끝나지 않는 상처

프놈펜에서 킬링필드를 방문한 사람들은 그 위령탑 4면에 수많은 해골들이 쌓여 있는 것을 결코 잊지 못할 것이다. 방문자들은 그 해골들이 그렇게 잔혹하게 살해된 것을 뚜얼슬랭 박물관에 전시된 사진에서 떠올릴 것이다. 벌거숭이 아기를 나무에 내동이치는 것을 보고 울부짖는 엄마의 그림도 잊지 않을 것이다. 크메르 루즈의 대학살과 그 후 일어난 내전을 캄보디아 사람들은 잊을 수 있을까? 아직도 제2차 세계대전을 일으킨 나치 전범들이 숨어 살아 있는데 어찌 캄보디아 내전이 끝날 수 있을까?

그 내란의 상흔들을, 부산국제영화제가 있어 다시 들여다볼 수 있었다. 거의 매년 매회 캄보디아 영화가 상영되었지만 킬링 필드의 상흔을 다룬 작품이 최초로 상영된 것은 〈종전 이후의 하루 저녁〉(1998)이었다. 내용은 전쟁터에서 살아남은 남자 친구와 극빈한 생존 현장에서 살아남은 여자 친구 간의 사랑과 이별에 얽힌 이야기이다. 전쟁 후, 공산주의라는 대의명분마저 사라진 남자에게 남아 있는 것은 킥복싱으로 겨우 생계를 유지하는 일이다. 여자는 농촌에서 프놈펜으로 와서 술집 여인으로 살아간다. 전쟁의 상처를 술로 다독거리는 남자는 술집 여자와 사랑을 나누고 가정을 꾸리게 된다. 그 사랑은, 킥복싱으로 생계를 유지하는 남자가 링 위에서 매 맞아 죽자, 여자는 다시 술집으로 되돌아가는 것으로 끝이 난다. 그 여자는 술집 이외에 갈 곳이 없다. 그녀에게 삶의 평화란 결코 오지 않을 것이다. 그녀에게, 아니 캄보디아 사람들에게 아직 전쟁은 끝나지 않았고, 그 상처는 자식들에게도 계속 이어질 것이다.

조국의 구원과 국민 개조라는 명분으로 대학살이 스스럼없이 자행된 '킬링필드'를 우리는 잊을 수 있을까? 더구나 군사독재 정권을 유지하기 위하여 국가 안위와 의식의 전환을 내걸고 영화 〈킬링필드〉를 선거 전날 강제로 관람하게 한 우리의 과거를 잊을 수 있을까? 권력을 독점하기 위하여 국가 안위와 의식의 전환을 명분으로 내세우는 정권을 우리는 믿을 수 있을까?

시하눅빌,
자유의 틀에서 벗어나기

길고 긴 여정을 육로로만 다닐 때, 여행자들에게 바다는 그리운 곳이다. 더구나 동남아시아 내륙의 산과 들을 거치면서 피곤에 지칠 때, 바다는 그 피곤을 씻어줄 것이라는 기대감을 안겨준다. 캄보디아 내륙지방을 거쳐서 프놈펜에 도착하여 귀국할까 말까 잠시 고민 아닌 고민을 하는 여행자에게 캄보디아에도 바닷가, 해변 휴양지가 있다는 사실을 알려주면 망설이지 않으리라.

더구나 그 여행자가 바닷가 출신이거나 바닷가에 살고 있다면 바다는 늘 그리운 곳이리라.

내 다시 바다로 가리, 정처 없는 집시처럼.
바람 새파란 칼날 같은 갈매기와 고래의 길로
쾌활하게 웃어대는 친구의 즐거운 끝없는 이야기와
지루함이 다한 뒤의 조용한 잠과 아름다운 꿈만 있으면
그뿐이니.

—메이스 필드의 「그리운 바다」에서

프놈펜에서 버스로 서너 시간 정도 가면, 시아누크 왕의 이름을 딴 시하눅빌이라는 해변 휴양지를 만난다.

그 휴양지에서 서구 휴양객들로 넘쳐나는 곳은 오쯔디알 비치 및 세렌디피 비치이며, 그렇지 않은 곳은 빅토리아 비치 및 하와이 비치이다. 인디펜던스 비치와 속하 비치는 같은 이름의 호텔이 사유지로 하고 있는 곳이라서 일반인들의 출입은 거의 없다. 그 비치로 들어가는 이정표가 되는 곳이 여행자거리이다.

여행자거리는 약 100m 정도 거리로 양쪽에 음식점과 카페 그리고 숙박시설과 함께 게스트하우스가 줄지어 있다. 그 게스트하우스 사이에 서너 개의 영화관이 있다.

그 영화관들은, 우리에게 익숙한 복합 상영관이나 영화 한두 편을 상영하는 극장이 아니라 비디오방 같은 곳이다. 그곳에 들어가면 1층 로비가 있다. 로비에서 관람객들은 책이나 음식을 고르고 볼 영화를 선택하고 시간과 방을 지정한다. 방은 2인실에서 6인실까지 있다. 정해진 시간이 되면, 관람객들은 책이나 음식을 들고 선택한 방으로 가서 CD나 DVD로 영화를 관람한다. 관람객들이 선택할 수 있는 영화들은 대체로 복제품이지만 그 종류는 다양하다.

그 영화들 가운데서, 〈스롤란 마이러브〉를 관람한다는 것은 행운이다.

작품은 독일인 벤자민 프뤼퍼가 대학 졸업 후 2003년 캄보디아로 배낭여행을 갔다가 한 클럽에서 우연히 여인 스레이케오를 만나 사랑에 빠진 실화를 바탕으로 하고 있다. 그 실화는 「그녀가 세상을 뜨기 전에」라는 제목으로 잡지에 발표되고, 『당신이 어디를 가든』이라는 책으로 베스트셀러가 되었다. 독일의 지식인 청년과 에이즈에 걸린 캄보디아 여인 간의 사랑, 모든 장애를 극복하고 맺어진 사랑. 누구나 꿈꾸지만, 이룰 수 없는 사랑을 낯선 이국의 비디오방에서 만난다는 것은 여행자들에게 그러한 사랑의 꿈을 꾸게 하는 것이 여행임을 착각하게 하면서 끝없이 여행하게 만드는 것이 아닐까?

여행자들이 꿈조차 꿀 수 없는 사랑을 이룰 수 있다는 착각에 충만하여 영화관을 나서면 희미한 불빛 속에서 노랫소리가 들려온다.

그곳은 50대 이상 노년들에게 출입을 허락하는 조그맣고 독특한 카페. 간판도 없는 아주 작은 공간과 그 앞마당으로 된 카페. 캄보디아에 배낭여행을 왔다가 귀국하지 않고 정착하여 30년 동안 카페를 열고 홀로 살아온 주인. 그러나 주인인지 손님인지 전혀 구별이 되지 않는 모습. 경쟁이 싫어서 어떤 것에 얽매이지 않고 하루하루를 그냥 자유롭게 살고 싶어서 정착했다는 그도 역시 배낭여행자의 로망이리라. 그 카페는 노년의 사람들이 모여서 맥주 한 잔을 나누고 담소하면서 서로에게 노래를 권하고는 같이 합창을 하고 춤을 추는 곳. 노트북을 펴놓고 앉은 금발의 노인이 신청곡을 인터넷으로 찾아서 틀다가 신청곡이 없으면 자기의 느낌으로 음악을 틀어주는 곳. 음악이 나오면 아무것도 묻지 않고 서로 노래를 권하다가 '필'이 꽂힌 사람이 노래하는 곳. 이 카페도, 정해진 일정에 얽매여서 귀국하고 다시 관계 속에 얽히고설켜 살아가야 하는 여행자들에게는 유

토피아이리라.

여행자들은 영화를 보다가 혹은 같이 어울려서 놀다가 싫증이 나도 시하눅빌을 결코 떠나고 싶지는 않지만 어디론가 떠나고 싶을 때 그 앞바다의 섬으로 들어가기도 한다.

밤부 아일랜드는 사람이 살 수 있는 가장 원시적인 곳이다. 해변 휴양도시에는 흔한 해양스포츠 도구도 전혀 없고 숲과 방갈로와 바다만 덩그러니 있다. 오후 7시 이후에 정전이 되니 밤부 아일랜드에서는 낮엔 바다를, 밤엔 하늘의 별들을 바라볼 뿐이다. 낮엔 책을 읽다가 밤엔 그 책의 세계 속으로 들어가는 이곳도 유토피아이리라. 그 책이 섬 저 밖에 있는 시하눅빌을 상상의 별빛으로 비추어주는 『시하눅빌 스토리』라면 더욱 좋을 것이다.

소설가 유재현의 소설집 『시하눅빌 스토리』에서 「시하눅빌 러브 어페어」를 읽고 사랑의 상상을 밤하늘에 수놓는 것은 여행자들이 밤부 아일랜드에서 가질 수 있는 최대한의 자유이리라.

여행자들은 그러나 시하눅빌에 있는 며칠 동안 자기만의 자유를 누린다. 자기만의 자유는 제멋대로 하는 것이지만, 자기라는 감옥에서 빠져나오지 못한다. 토마스 제퍼슨은 '자기라는 감옥에서 빠져나올 때 참된 기쁨을 누린다'고 하지 않았던가? 자기라는 감옥에서 빠져나온다는 것은 화합, 곧 함께 어울린다는 것이다. 자유는 함께 어울림으로써 존재하는 것이다.

LUC 센터

해변 도시 시하눅빌에서 여행자들이 인증 샷을 찍을 만한 관광 명소는 없다. 시간이 멈춘 해변에서는 여행자들도 자연의 풍광 속에 정지해 있거나 그저 어슬렁어슬렁 돌아다닐 뿐이다. 이리저리 거닐다 보면 여행자들의 시선이 찢어졌거나 구겨진 종이 위에 그린 그림들에 멈추게 된다. '캄보디아 어린이 미술 프로젝트'라는 종이 그림이 해변의 풍경과는 낯설게 다가온다. 곧 극빈 가정과 거리의 어린이들을 '교육, 지식, 기회'로써 '보다 나은 삶'으로 이끌어가기 위하여 만들어진 단체 'Let Us Create' 센터이다. 이 센터는 자원봉사자와 후원자들을 통하여 어린이들에게 '봉사, 영양, 예술,

교육, 컴퓨터, 간호' 프로그램을 시행하는 곳이다.

이곳만이 아니라 캄보디아 전역에는 온 가족이 동냥을 하거나 쓰레기통을 뒤져서 음식을 먹는 거리의 아이들을 드물지 않게 볼 수 있다. 뿐만 아니라 여자아이들은 매춘이나 성매매에 너무 쉽게 노출되어 있다. 프놈펜의 악명 높은 K11 홍등가에서 촬영된 영화 〈할리〉(제11회 부산국제영화제 상영작, 2006)도 아동 성매매를 다루고 있다. 이런 현실에서 살아가는 어린이들의 상처는 크메르 루즈의 내란이 남긴 상처일 것이다. 그 상처를 예술로써 치유하고자 하는 센터 창문 앞에 걸린 아이들의 천진스러운 그림을, 그러나 상처를 속으로 감추어서 왜곡된 주위의 모습을 그린 그림을, 여행자들은 그냥 지나칠 수 있을까?

4부

미얀마,

파고다의 여로

특정 도시나 지역만 가는 것을 제외하고, 나는 두 차례에 걸쳐서 미얀마를 여행했다. 첫 번째 여행은 부산대 불교교수회의 일원으로서, 두 번째 여행은 개인 배낭여행으로 이루어졌다.

양곤, 파고다에서 아우라 찾기

미얀마라고 하면 사람들은 대체로 아웅산 수지, 승려, 시민들의 저항, 이에 대한 군사독재의 무자비한 탄압 등 정치적 사회적 불안과 혼란, 폭력, 폐쇄 등의 이미지들을 떠올린다. 미얀마라는 이미지가 주는 그러한 선입견은 대중매체에서 읽은 뉴스의 한 페이지에서부터 시작된다. 하지만 그 뉴스는 사람들에게 일방적으로 전달될 뿐이다. '세계가 한 권의 책이라면 여행하지 않는 자는 그 책의 한 페이지만 읽을 뿐'이라는 성 아우구스티누스의 표현

을 빌리지 않더라도, 그 뉴스는 미얀마라는 한 권의 책에서 타인의 눈을 통하여 읽은 한 페이지일 뿐이다.

미얀마로의 여행은 미얀마라는 한 권의 책을 읽는 것이다. 여행자들은 일방적으로 전달되는 '한 페이지 뉴스'로 미얀마로 가는 걸음을 멈추지 않는다.

밍글라바(안녕하세요)라고 친절하고 반갑게 맞아주는 밍글라돈 국제공항을 거쳐 나오면 여행자들은 택시를 타고 양곤 시내로 이동하면서 언제 어디서나 파고다, 곧 부처님이 기거하는 집을 만난다.

미얀마 여행의 출발은 양곤이며, 양곤 여행의 출발은 파고다이다.

여행자들은 양곤에서 2개의 파고다를 만난다. 그 2개의 파고다는 술레 파고다를 중심으로 쉐도맛 파고다, 거바예 파고다 등 군부에서 지은 현대적인 것과 쉐다공 파고다를 중심으로 차욱타지 파고다, 보떠타웅 파고다 등 부처님 제세시기에서부터 19세기에 이르기까지 지어진 역사적인 것이다.

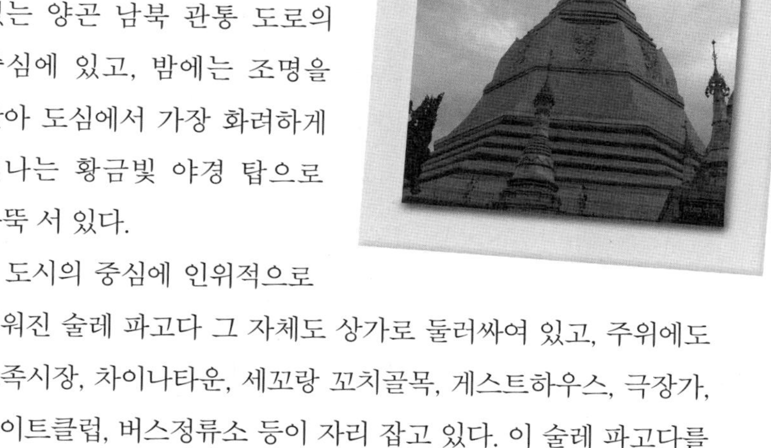

술레 파고다는 계획도시 양곤의 중심으로 지은 것이다. 낮에는 도시 전체를 내려다볼 수 있는 양곤 남북 관통 도로의 중심에 있고, 밤에는 조명을 받아 도심에서 가장 화려하게 빛나는 황금빛 야경 탑으로 우뚝 서 있다.

도시의 중심에 인위적으로 세워진 술레 파고다 그 자체도 상가로 둘러싸여 있고, 주위에도 보족시장, 차이나타운, 세꼬랑 꼬치골목, 게스트하우스, 극장가, 나이트클럽, 버스정류소 등이 자리 잡고 있다. 이 술레 파고다를 도시의 중심에 놓고 만든 계획도시가 양곤이다. 양곤의 중심에 인위적으로 조성된 술레 파고다는 양곤 시내버스, 픽업트럭(버스), 오토바이, 택시들이 움직이는 출발점이다.

술레 파고다에서 출발하여 양곤 시내를 둘러보거나 혹은 아웅 밍글라 버스터미널 또는 밍글라돈 국내선 공항까지 가서 여행자들은 미얀마 전국을 여행한다. 여행자들은 대체로 술레 파고다 주위 게스트하우스에서 숙박한다.

쉐다공 파고다는 부처님 제세시기인 약 2,500년 전에 세워져 여러 왕조와 왕의 도움으로 현재에 이르러서 80여 개의 건물과 60여 개의 파고다로 되어 있다.

쉐다공 파고다는, 바고 짜익티요 황금바위 및 만달레이 마하무니 파고다와 같이 미얀마 불교의 3대 성지이다. 이러한 쉐다공 파고다는 언제나 미얀마 불교의 중심에 자리 잡고 있었다. 영

국 식민지 시기에서부터 현재 군부독재 시기에 이르기까지 쉐다공 파고다는 승려와 미얀마인들이 항쟁의 불길을 올리는 곳이다. 1988년 민주화 운동, 1990년 승가의 항쟁, 2007년 사프란 혁명이 모두 쉐다공 파고다에서 일어났다. 특히 사프란 혁명에서 승려들은 '승가들은 저 난폭하고 비열하고 잔인하고 무도하고 무자비한 장군들, 나라의 재물을 훔쳐 살아가는 큰 도둑들을 거부합니다. 이로써 공양을 받거나 설법을 하지 않습니다'라고 하면서 군부독재에 저항하는 민중의 지원자에서 저항의 주체로 나선다.

술레 파고다가 군사독재권력에 의해서 만들어진 인위적인 것이라면 쉐다공 파고다는 미얀마 역사에 의해서 자연스럽게 형성된 자발적인 것이다. 술레 파고다가 군사독재권력이 미얀마인들에게 끼친 사회적 정서적 폭력을 의도적으로 조절하려고 만든 계획적인 인공물이라면, 쉐다공 파고다는 미얀마인들이 역사에

의해서 형성된 자발의지로 군사독재권력에 맞서 싸우는 자연물이다.

아도로노가 '전축의 바늘이 예리해질수록, 완벽한 음질 구현이 가능할수록 그 음악이 점점 인위적이 될 수밖에 없어서 원래 그 음악의 원본만이 가지고 있는 독특한 분위기(아우라)를 상실'한다고 말했듯이, 술레 파고다의 인위성은 파고다로 상징되는 미얀마와 미얀마 불교의 아우라를 상실시키는 것이다.

그 아우라를 만나는 방법은 무엇보다도 먼저 미얀마 사람들을 만나는 것이다. '우리는 훌륭하고 존중할 만한 이론을 가진 인물보다는 이유도 모르지만 어찌된 노릇인지 모습이며 말투며 일거수일투족에 마음이 끌리는 사람에게 더 강한 아우라를 느끼게 된다'라고 무라카미 류가 말했듯, 미얀마 사람의 아우라를 만나기 위해서 여행자들은 묘빳이타(양곤 도시순환열차)를 탈 것

이다.

술레 파고다에서 1km를 걸어가면 양곤 중앙역이 나온다. 양곤 중앙역에서 순환열차를 타면 양곤 주변 외곽지역, 약 40개 역을 3시간 동안 순환하고는 다시 중앙역으로 되돌아온다. 8시 20분에 출발하는 첫 순환열차를 타야 여행자들은 도시 서민들과 민중들이 살아가는 생생한 모습을 볼 수 있다.

약 40개 역을 거치는 동안 만나는 풍경들, 역마다 주변에 널려 있는 도저히 사람이 살 수 있을 것 같지 않은 오막살이, 여러 가지 물건을 사고파는 행상들, 표를 사지 않고 타다가 경찰에게 슬그머니 돈을 건네는 사람들, 그러지 못하고 기차에서 뛰어내리는 사람들, 차내에서 물건을 파는 사람들과 그들로부터 돈을 거두는 경찰, 경비 경찰에게 인사를 하고는 슬그머니 외국인 전용 칸으로 와서 기념품, 먹거리를 파는 사람들, 외국인 전용 칸에 매달려 동냥을 하는 어린아이들, 숙박업소, 식당 등의 명함을 건네는 사람들 등등. 첫 순환열차를 탄 여행자들은 군사독재의 폭

력 속에서도 살아가고자 하는 미얀마 사람들의 삶의 의지, 생명의 존엄함을 느낄 수 있을 것이다.

영화 버마로의 귀환

2007년 4월 7일간 미얀마를 처음으로 여행하면서도 군사 독재, 저항 시민들의 피살에 대한 이미지가 기억 속에서 전혀 사라지지 않고 있었다. 오히려 첫 여행으로 가족들이 동냥을 하는 너무나 빈한한 사람들의 삶에 대한 이미지가 겹쳐지면서 미얀마는 기억 속에서 사라지지 않았다. 그 첫 여행 이후 독재, 빈곤, 불교라는 세 단어 간의 결합이 수수께끼로 남아 있었다. 내세를 위해 현세에서 자비로운 삶을 살기 때문에 독재와 빈곤을 참고 견디고 용서하는 것인가? 그 답을 고승 사야도 우 조티카의 책들, 『마음의 지도』, 『여름에 내린 눈』, 『붓다의 무릎에 앉아』에서도 결코 말하지 않았다. 고승의 책에서도 구하지 못한 답은 미얀마 최초 단편영화 〈버마로의 귀환〉(2011년 제16회 부산국제영화제)에서도 주어지지 않았다.

영화에서는 대만으로 이주한 미얀마 노동자가 죽은 동료의 유골을 가지고 고향에 되돌아가지만 고향 마을에서 직업을 가질 수도 없었다. 오히려 고향의 젊은이들 대부분은 돈을 모아서 외국으로 가고자 할 뿐이었다.

여행을 다니다 보면 영화의 내용처럼 동남아시아 국가 특히 말레이시아, 태국에 미얀마 불법 이주 노동자가 많음을 경험한다. 고국을 떠난 미얀마 젊은이들은 되돌아오지만 할 일이 없어 다시 떠나거나 유골로 귀환하여 마을의 품 속에 묻힌다. 그 유해는 군사 정권의 나라 미얀마가 아니라 민주화 운동가들의 나라 버마로 되돌아오는 것이다.

만달레이, 사람 사이에 흐르는 불멸의 강

여행자들은 에야워디 강을 중심으로 건기(11월에서 다음 해 4~5월까지)에 양곤, 만달레이, 버강, 인레 호수 등으로 여정을 잡는다. 그 여정은 연식이 20년이 훨씬 지난 장거리 버스로 가야만 하는 과정이지만 그 가운데 한 부분, 만달레이에서 버강까지는 보트로 갈 수 있다.

만달레이는 불교 유적지, 영국 식민도시 지역 그리고 현대 시가 지역으로 구성되어 있다.

여행자들은 만달레이 공항이나 기차역, 버스터미널에 내려서 호객꾼들과 차비 흥정을 하고 만달레이 궁전 남쪽 26번가 시계탑 앞에 내린다. 시계탑을 이정표로 하여 여행자들은 낮과 밤의 여정을 갖는다.

192

193

낮의 여정은 만달레이 궁전, 마하무니 파고다, 꾸도더 파고다 등을 거쳐서 미얀마 마지막 꽁바웅 왕조로 되돌아가는 것이다. 밤의 여정은 야시장 제쪼를 거쳐서 현재 미얀마 사람들의 일상 풍경으로, 공연예술의 관람을 거쳐서 전통 문화로 되돌아가는 것이다.

낮의 여정은 제2차 영국과의 전쟁(1852~1853) 패전 직후로 되돌아간다.

패전 직후 꽁바웅 왕조는, 전쟁 발발 이전 마하무니 파고다를 지었던 만달레이로 1857년 천도하여 궁전을 짓고 꾸도더 파고다와 산다무니 파고다를 건립하여 불교를 통치이념으로 강화한다. 곧 1871년 불교경전 결집대회를 소집하여 꾸도더 파고다에는 불교경전을 대리석 비문으로 새긴 석장경 '뜨리삐따까' 총 729개를, 산다무니 파고다에도 석장경 '뜨리삐따까'를 흰색 파고다의 내부에 제작하여 건립한다. 이어서 1885년 제3차 전쟁에서 패전하여 미얀마는 영국 식민지가 되고 인도의 한 주가 되었다가 다시 분리된다. 이어 1942년 영국과 일본 간의 식민지 쟁탈전쟁으로 만달레이 궁전이 소실되기도 하지만 1948년 독립국가로서 자유를 되찾는다.

식민지에서 독립국가로의 건국까지 미얀마와 미얀마인들의 삶을 지탱시켜준 것은, 당시 승려들의 구호 '우리 종족, 우리 종교, 우리 언어'인 불교이다. 그러나 불교는 어디까지나 종교일 뿐 정치는 아니다. 부처님이 '전도선언'에서 종교를 신의 덫으로, 정치를 인간의 덫으로 비유하면서 '비구들이여, 나는 신들과 인간들의 덫으로부터 벗어났다. 비구들이여, 너희들도 신들과 인간의 덫으로부터 벗어났다. 비구들이여 길을 떠나라. 많은 사람들의 이익을 위해서, 많은 사람들의 행복을 위해서, 세상에 대하여 자비를 베풀기 위해서, 신들과 인간들의 이익, 축복 행복을 위해서 둘이서 한 길로 가지 마라'고 말씀하신다. 그 말씀을 아웅 산은 '종족, 종교, 언어'도 중요한 요소지만, 사람들을 한데 묶어 민족으로 만들고 그 정신 속에 애국심을 심는 것은 기쁠 때나 슬플 때나 통일체로서 살아가고자 하는 열망

과 의지라고 외쳤다. 이러한 외침은 당시 모든 예술가들의 바람이기도 했다.

이 땅, 이 마을은 누구의 마을이뇨?
이 논밭, 이 쌀은 누구의 쌀이뇨?
본문을 다할지어다. 최선을 다할지어다
지혜를 발휘하여
한 마음 한 뜻으로 단결할지어다.'

—조지의 시 「우리 조국」 (최재현 역)에서

이처럼 미얀마 사람들을 지탱하게 하는 정신은 '한 마음 한 뜻'이다. 그 '한 마음 한 뜻'이란 물론 미얀마의 자유, 독립을 위한 열망과 의지라고 말할 수 있으리라.

미얀마 마지막 왕조의 멸망에서부터 근대 국가로의 긴 여정이 지나가면 여행자들은 그 역사 속의 지혜를 찾아서 밤의 등

불을 밝히고 밖으로 나간다. 여행자들은 밍뚜웅의 서정시 「퇴마약」(최재현 역)을 받아 들고는 읊조리면서 밖으로 나간다.

해 질 녘이 되면 밖에 나가지 마
도깨비가 따라오곤 하니까
도깨비가 무서워하는 퇴마약을
스님이 주었단다
친구야! 퇴마약을
물소 모양으로 바꾸자꾸나
불, 법, 승, 삼보를 읊어라
도깨비가 도망갈 거야
읊자꾸나, 읊자꾸나, 삼보를

여행자들은 언제나 이정표로 서 있는 시계탑—영국 빅토리아 여왕 즉위 60주년 기념으로 1897년에 세워짐—주변 야시장 제쪼로 나간다. 중앙시장이라는 뜻인 제쪼에는 주변 도시에서 장을 보러 온 사람들, 미얀마 전통 먹거리와 볼거리를 즐기려고 온 여행자들이 넘쳐난다.

여행자들은 제쪼에서 먹거리를 먹고 볼거리를 다 즐기지 못하면 만달레이 전통 문화 쪽으로 발길을 돌린다.

만달레이는 문화와 종교뿐만 아니라 상업의 중심지로서 옛부터 부자가 많기로 소문난 곳이다. 그 때문인지 만달레이와 그 주변 지역에서는 미얀마 전통 문화, 특히 인형극과 무속신앙 낫의 축제 등이 가장 활발하게 행해진다. 만달레이에서는 민타 인형극장의 인형극 공연, 따운봉 형제신 낫 축제, 콧수염 형제의 코미디 공연, 그 이전의 수도였던 아마라뿌라의 낫 축제 등이 열린다.

만달레이에서 인형극 공연은 1871년 불교경전 결집대회를 소집한 꽁바웅 왕조 민돈 왕의 재위 기간에 가장 활기차게 공연되었다. 그 공연은 인형술사가 관람객들이 보이지 않게 가려진 채로 수직 수평의 막대기를 조정하여 인형을 공연하는 형식이었다. 그러나 이러한 전통 인형극 공연은 민타 인형극장에서는 볼 수 없다. 상업화의 물결에 밀려서 민타 인형극장은 인형극장이라는 명칭만 가지고 있을 뿐, 서커스에 가까운 공연을 하기 때문이다.

상업화가 아니라 군사독재권력의 탄압에 의하여 동시대 미얀마 사회를 풍자, 고발하는 콧수염 형제의 코미디 공연도 금지된다. 그 콧수염 형제 가운데 형이 바로, 폴 웨이츠와 크리스 웨이츠가 감독하고 휴 그랜트가 부모의 유산으로 백수생활을 하는 미혼남으로 나온 영화 〈About a Boy〉의 도입부에서 "미얀마에는 농담 한 마디 했다는 죄목으로 7년간 감옥에 갇힌 파파 레이라는 코미디언이 있어"라고 한 바로 그 파파 레이이다.

낮과 밤의 여정을 거치면서 만달레이에서 여행자들은 식민지 굴곡의 역사 속에서도 미얀마 사람들 사이에 흐르는 '한 마음, 한 뜻'을 느낄 수 있으리라. 그것이 미얀마 사람들 사이에 흐르는 불멸의 강이 되리라.

세기를 거슬러

시내 유적지들은 만달레이 궁전을 중심으로 그다지 멀리 떨어져 있지 않아서 쉽게 둘러볼 수 있다. 시외 유적지들은 10km에서 20km 이내에 있지만 대중교통을 이용하는 것이 쉽지 않아서 찾아가기가 불편하다. 만달레이도 미얀마 마지막 왕조인 꼰바웅 왕조의 수도(1857~1885)였지만 시외 지역에 있는 사가잉, 잉와, 아마라뿌라도 수도였다. 잉와(1364~1841)도 잉와 왕국의 수도로서 '보석의 도시' 혹은 '호수의 입구'라는 뜻을 지니고 있다. 그 맞은편에 위치한 사가잉(1760~1764)도 민사잉 왕국의 수도였다. 아마라푸라도 꼰바웅 왕조의 수도(1783~1823)로 건설되었다가 잉와에 그 자리를 물려준 다음 다시 천도(1841~1857)되었는데, '불멸의 도시'라는 뜻을 가지고 있다.

만달레이에서 아마라뿌라로, 사가잉으로, 잉와로 가는 것은 20세기 유적지에서 14세기로 거슬러 올라가는 것이다. 거슬러 가는 동안 유적지들은 미얀마 왕조의 역사를 보여주지만, 폐허 속에 묻혀 있는 역사의 발자취를 따라서 걷는 것은 여행자들의 몫이다. 마치 사야도 우 조티카 스님이 『붓다의 무릎에 앉아』(최순용 역)에서 '길은 보여주는 것으로 충분하다. 실제로 그 길을 걷는 것은 전적으로 당신에게 달려 있다'라고 말씀했듯이. 세기를 거슬러 폐허의 역사를 걸어가면서 여행자들은 무엇을 볼 수 있을까? 택시나 픽업 트럭, 마차나 우마차를 타고 가는 것과 상관없이, 여행자들은 적어도 폐허를 돌아다닐 것이다.

아마라뿌라, 호수의 다리

만달레이에서 사가잉, 잉와, 밍군, 아마라뿌라로 가는 길은 원시 그 자체를 만나러 가는 길이다. 그 도시들의 입구에서 여행자들을 기다리는 것은 우마차이다. 기원전 약 2,500년에 만들어진 우마차가 기원후 2,000년이 지났는데도 운행되고 여행자들이 탈 수 있다는 것은 얼마나 값진 경험인가?

한때 꽁바웅 왕조의 수도였지만 이제 폐허가 된 잉와에서 여행자들은 우마차에 몸을 실고 먼지투성이 시골길을 다니면서 그 화려한 왕궁도 몇 채의 오두막으로 남아 있음을 본다. 우마차를 타고 밍군을 다니면서도 여행자들은 화려함의 끝이 폐허임을 다시 느낀다. 세계 최대의 사원으로 지어졌다가 지진으로 파괴된 밍군 파고다, 사별한 부인을 위하여 지었지만 지진으로 파괴된 싱뷰메 파고다.

화려한 왕궁, 세계 최대의 파고다, 사랑의 기념물 파고다 등은 꽁바웅 왕조의 찬란한 문명으로 시작했으리라. 영토의 팽창으로 꽁바웅 왕조는 미얀마 최대의 왕조였는데, 그 속에 팽창/수축,

승전/패전, 건설/파괴, 빼앗음/빼앗김, 승리자/포로, 지배/피지배 등이 숨어 있다. 창건자는 건국 이후 '부처가 될 군주'라는 의미로 개명을 하면서 왕조의 불교부흥운동을 전개했다. 그 운동 속에도 여전히 정교일치, 신/신민, 절대자/노예, 절대지배/절대종속 등이 숨어 있다.

꽁바웅 왕조의 찬란한 문명은 그 이면에 들어 있는 야만을 완전히 지우지 못한다. 그래서 불교는 꽁바웅 왕조의 찬란한 문명을 이어가고 신민들이 그 억압과 스트레스를 풀기 위하여 필요불가결한 것인지 모른다. 마르쿠제가 '어쩌면 문명이란 환상이고 야만이 현실인지도 모른다. 하지만 역설적으로 그 문명이라는 환상이 없이는 우리는 일상을 잠시도 유지할 수 없을 것이다'라고 했듯이, 불교는 미얀마의 일상이 되어버린다.

여행자들에게 불교는 확실히 미얀마의 일상 그 자체로 다가온다. 미얀마가 '불멸의 불교국가', 미얀마인들이 '불멸의 불교도'인 것과 같이, 아마라뿌라는 '불멸의 도시'라는 뜻이다. 아마라뿌라로 가는 길은 따웅떠만 호수로 가

는 길이다.

떠웅떠만 호수는 에야워디 강 동쪽에 있으며, 그 주위에 10여 개의 파고다가 있다. 호수 가운데 놓인 우 베인 다리는 타웅밍지 파고다와 쉰핀쉐구찌 파고다 사이에 있으며, 타웅밍지 파고다 가까이 마하간디용 사원이 있다.

따웅떠만 호수에서 여행자들은 그 지역주민들의 일상생활들, 호수에서 물고기를 잡거나 잡으려고 그물을 치는 사람들, 호수에서 잡은 물고기들을 튀겨서 파는 사람들, 여행자들에게 삯을 받고 호수를 구경시켜주는 뱃사공들, 호수에서 물장구를 치면서 노는 아이들을 볼 수 있다.

따웅떠만 호수를 가로지르는 우 베인 다리는 언제나 여행자들로 가득찬다. 우 베인 다리는 200년 전 1,000여 개의 티크로 만들어진 1.2km에 이르는 긴 다리이다. 다리에서 여행자들은 전부 일몰 사진을 찍는 사진사가 된다. 우 베인 다리의 일몰 사진은 아마라뿌라 여행의 가장 아름다운 증거가 된다.

우 베인 다리를 건너서 여행자들은 마하간디용 사원에 모인다. 미얀마에서 수행자가 가장 많은 마하간디용 사원은 아침 일찍부터 여행자들을 부른다. 여행자들은 아침 10시경 약 1,000명의 수행자가 공양을 하는 장관을 놓칠 수 없다. 그 장관 속에는

스님들의 공양을 다시 공양 받으러 온 가난한 사람들도 들어앉아 있다.

공양은 재가신자의 보시로 이루어진다. 재가신자는 아침 탁발승에게 반드시 김이 무럭무럭 나는 갓 지은 밥, 타밍우바웅을 공양한다. 사원에서 공양을 할 경우, 재가신자들은 불교기념일이나 연중행사 등으로 미리 사원에 예약을 한 날 승려들에게 보시하거나 공양한다. 마하간디융 사원에서 공양은 적어도 몇 달 전에 예약을 하여 이루어진다. 사원에서 재가신자들은 공양을 하면서 스님들이 필요한 일상용품, 생활용품, 문구류, 책 등을 보시하기도 한다. 공양은 노스님에서 시작하여 어린 스님에 이른다. 어린 스님은 갓 득도식을 마친 수련승이다.

출가의 득도식은 세속 사회의 출리식과 맞물려 있다. 미얀마 사람들은 20세가 되기 전 부모와 이웃으로부터 세속 사회를 떠나는 출리식에 이어서 득도식을 치른다. 당사자는 출리식에서 최대한 화려한 치장과 의상을 하고 마을을 돌면서 흥겨운 놀이판을 벌이지만, 득도식에서는 세속의 화려함을 버리고 승려로서 최소한의 소지품을 가지고 삭발하여 수련의 길로 나아간다. 출리식과 득도식은 속과 성 사이를 건너는 통과의례이다. 속에서 성으로 건너는 것은 고난과 고통을 겪고 난 뒤 성숙에 이르는 길이다.

20세 이전 젊은이들에게 그 고통은 무엇일까? 가족과의 이별일까 아님 연인과의 이별, 사랑의 고통일까?

사랑하는 그대여!

한 달만 나의 갈 길을 허락해 주오라는

야두의 애닮은 마음을 어루만져 주오

상투머리 소년은 고개를 떨구고

소년이 탄 말조차 갈 바를 모르는데

그리움이여! 그리움이여!

—밍뚜웅의 시 「북소리」(최재현 역)에서

미얀마 사람들에게 불교는 출생에서 죽음에 이르는 과정 그 자체, 고통을 통하여 성숙에 이르는 과정이기도 하다. 불교는 출생과 죽음 사이, 고통과 성숙 사이, 속과 성 사이에 가로놓여 있는 다리일까?

동자승의 공양

오전 10시에 시작하는 마하간디용 사원의 아침 공양 행렬은 장관을 이룬다. 그 행렬을 보기 위해 모여든 관광객들과 그들이 타고 온 관광버스는 주차장에서부터 북새통을 이룬다. 1,000여 명의 스님들 행렬을 사진으로 찍으려는 관광객들도 그 질서에 맞추어서 조용히 움직인다. 노스님에서부터 동자승에 이르기까지 차례로 공양을 한다. 공양을 마친 스님들은 각자 몸담고 있는 사찰이나 수도원으로 되돌아간다.

주차장으로 되돌아오는 길에 우연히 동자승 한 분이 공양도

하지 않고 발우에 담긴 음식을 전부 동냥아치들에게 주는 광경을 보았다. 그 순간 사야도 우 조티카 스님의 말씀 '당신의 마음이 당신의 인생이다'(최순용 역)가 겹쳐진다.

버강, 파고다의 강

만달레이에서 버강으로 갈 때, 여느 여행객들과 달리 배낭여행자들은 대체로 보트를 탄다. 외국인 전용인 익스프레스 보트와는 달리 슬로우 보트는 1층에는 미얀마 사람들, 2층에는 외국인들이 타긴 하지만, 화물을 훨씬 더 많이 싣는다. 여행자들은 슬로우 보트에서 미얀마 민중들의 체취를 느낄 수 있다.

천 조각 몇 개만 남은 찢어진 러닝 셔츠를 입고 짐을 나르는 인부들, 통치마 같은 롱지에를 입고 웃통

을 벗고서 생필품을 비닐로 얼금얼금 묶은 짐에 비스듬히 기대 누워 꽁초를 연방 피워대는 노인들, 뭔가를 싼 보따리 보따리를 머리에 이고 얼굴엔 다나까(분)를 바르고는 등에 업은 아기에게 젖을 물리는 여인들, 튀긴 민물생선을 머리에 인 채 한 손에는 사탕과자 탕예를 들고 또 한 손에는 차 러펫예를 팔러 다니는 아가씨들. 이런 광경들은 계획된 스케줄에 따라 매 순간 속도를 높이는 익스프레스 보트에는 없다. 오히려 슬로우 보트는 계획된 시간에 고정되지 않고 여행자들에게 그 시간이 머무는 공간의 풍경을 선물한다. 독일 소설가 스텐 나돌니는 『느림의 발견』에서 빠름을 '확정된 계획을 따르는 고정된 시선', 느림을 '새로운 것을 발견하는 세부를 향한 시선'이라고 하지 않았던가? 여행자들은, 밀란 쿤데라가 말한 것처럼, '엑스터시 상태에 빠져서

현재의 순간에만 집중하여 몸을 구부리고 달리는 오토바이 운전사'가 아니다. '신의 창들을 관조하는 행복한 자'이다.

버강은 유네스코 세계문화유산도시로서 미얀마 최초의 통일 왕조인 버강 왕조의 수도이다. 당시는 4백만 파고다의 도시였으나, 현재는 약 4천 개 파고다의 도시이다. 낭우, 올드 버강, 신버강으로 되어 있는 버강에서 여행자들은 언제 어디서나 자신도 모르게 파고다 곁에 있음을 본다.

낭우 지역에서 여행자들은 낭우 마켓을 이정표로 하여 쉐지공 파고다를 중심으로 우마차를 타고 파고다들을 둘러본다. 낭우 지역에는 미얀마 모든 파고다의 모델이 된 쉐지공 파고다를 중심으로 사방으로 크고 작은 파고다들이 널리 있다.

낭우에서 올드 버강으로 가는 길목에는, '새 세계의 축복'이라는 뜻을 지닌 틸로민로 파고다, 성스러운 여성미가 가장 잘 보존된 아난다 파고다가 있다.

올드 버강 지역에서는 옛 버강의 성벽 떠랍하 게이트 주입구를 이정표로 하여 '내세의 부처'라는 이름을 가진 왕이 자신이 묻힐 곳으로 선택했지만 죽임을 당한 쉐구지 사원, 부처가 깨달음을 얻은 도시 보드가야의 마하보디 파고다를 모델로 한 마하보디 파고다, 버강 왕조 이전에 지어진 가장 오래된 박 모양의 부 파고다, 버강 최대의 땃빈뉴 사원과 거의 유사한 고도뻘린 파고다, 버강 건축학 박물관을 둘러본다.

이어서 여행자들은 현존하는 파고다 내의 벽화가 가장 아름답다고 하는 구뱌육지 파고다, 버강 지역 최대 규모인 담마양지 파고다, 미얀마를 최초 통일한 버강 왕조에서 첫 번째로 지은 파고다 쉐산도 파고다, 축복이라는 뜻을 가졌지만 버강 왕조의 몰락을 지켜본 최후의 파고다 밍글라제디 등을 둘러보기도 한다.

낭우와 올드 버강에서 여행자들은 파고다들을 관조한다. 버강 왕조 이전, 도시국가 버강에 지어진 성벽으로서 올드 버강에서 이정표 역할을 하는 떠랍하 게이트의 주 출입구 양쪽에 있는 응아 띤데 남매의 낫, 버강 왕조의 개국과 동시에 건립된 쉐산도 파고다를 받치고 있으며 하부의 각 방향으로 조각된 힌두교의 신들, 역시 개국에서부터 시작되어 제3대 왕 때 건립되어 미얀마

모든 파고다의 모델이 된 쉐지공 파고다 외벽 안쪽에 모셔져 있는 내부 37 낫(과 지금은 외벽이 소실되어 확인할 수 없지만 외벽 바깥쪽에 있었다고 추정되는 외부 37 낫)을 보면서 여행자들은 불교와 힌두교 그리고 낫 신앙이 함께 공존하고 있음을 느낀다.

사실 버강 왕조는 미얀마를 최초로 통일하면서 개국하여 스리랑카에서 테라바다 불교를 도입하고 무속 신앙을 37 낫으로 정립한다. 이어서 건국 50년이 지날 무렵 국가 안정과 왕권 확립을 위하여 불교를 정점으로 하는 종교적 통일과 체계를 만든다. 그 결과가 37 낫이라는 신앙체계이다. 낫은 부처 앞에 갈 틈도 없이 갑작스럽게 죽음을 당한 인간이 신이 된 경우를 말한다. 인간에서 신이 되기까지의 이야기, 곧 신화를 가진 낫은 전국적으로 그리고 지역적으로 많이 있다. 그 37 낫으로 불교의 범천을 정점으로 하여 32개의 지역 낫과 힌두교에서 온 4신을 정한다. 낫은 모든 집에서 모시는 가신으로, 마을 입구 신당에 모셔진 마을수호신으로, 부모, 조부모, 외조부모 등이 모시는 낫을 세습하여 모시는 낫 등으로 존재한다.

이러한 낫들은 현재 신으로 좌정하고 있지만, 그 출발은 인간이다. 물론 왕족이나 그 신하들이 대부분이지만, 보통 인간들, 예컨대 승려, 대장장이, 상인, 자살한 사람, 호랑이나 뱀에게 물려 죽은 사람, 그네에서 떨어져서 죽은 사람, 전염병이나 문둥병, 아편 중독, 과음 등으로 죽은 사람, 아이를 낳다가 죽은 사람, 자식 잃은 슬픔을 견디지 못하고 죽은 사람 등도 낫으로 좌정하는 경우가 있다. 인간에서 신으로 가는 길은 모두에게 열려 있다, 더구나 부처님 앞에 나아가지 못해도. 남성이나 여성, 권력을 가진 자나 가지지 않은 자, 종교를 믿거나 믿지 않거나 사람들은 스스로 깨쳐서 가야 한다. 현대 미얀마의 고승 사야도 우 조티카 스님도 『붓다의 무릎에 앉아』(최순용 역)에서, '길은 보여주는 것으로 충분하다. 실제로 그 길을 걷는 것은 당신에게 달려 있다'라고 했듯이, 깨우침은 길을 보는 것이 아니라 걷는 것이다.

그 깨우침의 길은 모든 사람들에게 가로놓여 있지만, 모든 사람들이 그 길을 걷는 것은 아니다. 버강에서 파고다를 둘러보면, 그 길이 보일까? 에야워디 강이 구비치는 버강에서 파고다의 숲 속을 걷다가 여행자들도 언젠가는 인생의 깨우침을 얻을 것이다.

뽀빠 산 가는 길

뽀빠 산으로 가는 길에 들르는 곳이 민나투 마을이다. 그 마을은 미얀마 전통 농촌마을로서 원형을 그대로 보존하고 있다. 마을 입구에 들어서면 주민들과 길손들이 목을 축일 물 항아리와 컵을 원두막 같은 곳에 놓아두고 있다. 마을로 들어가면 대나무와 나무로 엮은 집들, 참깨를 가꾸는 밭들, 코코넛 나무들, 그 기름을 짜는 나무로 만든 틀이 널려 있다. 이런 마을의 모습은 미얀마 최초 통일 왕조를 건설한 버강 왕조(1044~1287) 때부터 내려오는 것이라고들 한다. 마을을 지나서 약 3시간 동안 가는 길에 재래식 시장을 둘러보면서 미얀마 사람들의 일상 풍경을 보기도 한다. 시장에서 노인들이 병뚜껑으로 장기인지 체스인지를 두거나 아낙네들이 옷을 사고팔거나 아이들이 장난을 치면서 노는 모습을 본다. 그러다가 뽀빠 산으로 들어간다.

산스크리트어로 꽃을 뜻하는 뽀빠 산은 길 가운데 우뚝 솟은 산이다. 해발 약 740m 되는 곳에 사원이 지어져 있다. 뽀빠 산에서는 매년 5월부터 6월까지 미얀마 전통 신앙 낫 축제가 열린다. 낫 축제가 열리지 않는 기간에도 사원을 방문하는 여행자들로 늘 붐빈다. 맨발로 오르내리는 사원 계단 옆에는 원숭이들과 상인들이 함께 여행자들을 부른다. 그 가운데 그림을 파는 작은 가게도 있는데 그림들이 특이하여 여행자의 눈길을 끈다. 뽀빠 산으로 가는 길에 여행자들은 과거와 현재의 모습을 함께 볼 것이다.

인레 호수, 소수민족의 삶

여행자들에게 버강을 떠난다는 것은 약 135개에 달하는 미얀마 소수민족을 만나러 가는 것이다. 소수민족은, 에라워디 강을 중심으로 한 중부지역을 제외하고 동서남북으로 흩어져서 샨 주, 라카인 주, 몬 주, 친 주, 카야 주와 같이 자기 민족의 이름을 붙인 주에서 산다. 버강에서 껄로, 따웅지, 낭쉐를 거쳐 인레 호수로 걸어서 가면, 여행자들은 미얀마의 자연과 그 속에서 살아가는 소수민족의 삶을 생생하게 느낄 수 있다.

버강에서 껄로, 따웅지를 거치면서 여행자들은 산악지역에서 사는 소수민족들, 싼 족, 더누 족, 빠오 족, 빠다웅 족 등을 만난다. 그 과정에서 여행자들은 조그만 도랑에 흐르는 맑은 물로 농사를 짓는 갓 늙어버린 사람들과 쟁기를 끄는 물소들, 축사를 마루 밑으로 하고 그 위에 사람들이 거주하는 항상 가옥, 산속 깊은 곳에 있는 낡고 작은 교회와 이미 폐허가 되어버린 파고다들을 만난다. 그러다가 도시를 걸어가면 여행자들은 시커먼 매연을 내뿜으면서 사람과 화물이 뒤섞여 곧 넘어지거나 주저앉을 것 같은 낡은 트럭들, 저렇게도 많은 사람이 탈 수 있어 경이롭게 보이는 버스들, 먼 곳을 바라보면서 아무 생각 없이 꽁초를 피워대면서 그저 말이나 소가 가는 대로 따라가는 듯한 우마차들 등을 만난다.

더러는 이름도 모르는 열대 과일들, 화려하면서도 탐스러운 꽃들, 먹을 수 있을지 고개를 갸웃거리게 하는 음식들도 만난다. 또 그러다가 한국 여행자임을 알고는 철 지난 TV 드라마 이야기를 하고 유행가를 흥얼거리면서 우리말로 인사를 건네는 어여쁜 여인들, 그 여인들의 안내를 받고 함께 시간을 나누는 뜻밖에 찾아오는 행운! 다비드 르 브르통은 말하지 않았던가? 걷는다는 것은, '자신을 세계로 열어놓고 세계를 완전히 경험하게 되는 것'이며, '걷는 시간과 공간을 새로운 환희로 바꾸어놓는 것이다'라고.

껄로와 따웅지를 거쳐서 낭쉐로 이동하면 여행자들은 곧 인레 호수와 만나게 된다.

낭쉐는 인레 호수 곁에 자리 잡은 아주 작은 마을이다. 호숫가 마을 낭쉐가 인레 호수로 가는 기지 역할만 하는 것은 아니다. 특히 미얀마를 여행하는 노부부들이나 홀로 배낭을 멘 여행자들에게는 낭쉐 그 자체가 안식처이다. 낭쉐에서 여행자들은 걷거나 자전거를 타고서 마을을 여기저기 돌아다니기도 한다. 마을에는 야다나 만 아웅 파고다, 독립기념탑, 전통 인형극장, 레스토랑, 여행자 카페, 인터넷 카페, 밍글라 시장과 그 옆에 있는 좌판 노점상 등 여행자에게 꼭 있어야 할 것은 다 있다.

스쳐가는 여행자들은 하루이틀 동안 인레 호수를 보고는 낭쉐를 떠난다. 그렇지 않고 하루라도 더 머무르는 여행자들은 낮에는 파고다와 기념탑을 돌아다니다가 해질 무렵부터는 레스토랑이나 카페, 혹은 재래시장이나 좌판 노점상에서 식사를 하고 때로는 레스토랑과 카페에서, 드물게는 전통인형극장에서 문화를 받아들인다.

머물러 있는 여행자들은 인레 호수를 보고는 특별히 볼거리 없는 마을길을 할 일 없이 이리저리 걸어 다니면서 그 마을의 꾸밈없음에 젖어든다. 어린 승과 함께 TV 드라마를 보다가 행인이 들여다보자 겸연쩍게 슬쩍 웃으시는 노스님, 개울에서 양치질을 하는 중년 남자 옆에서 천연덕스럽게 빨래를 하면서 이야기를 나누는 동네 아낙네들, 다나까를 얼굴에 아무렇게나 바르고 영문글자로 덮인 웃옷과 털바지를 입고는 거리를 쏘다니는 아이들, 나무 그늘에 그냥 주저앉아서 울음 한 번 울지 않고 먼 곳을 바라보고 있는 물소들. 이런 광경들은 세련되고 정형화된 도시의 모습과는

전혀 다르다. 뭔가 모자라고 허술하지만 도시의 세련되고 틀에 박힌 삶을 살아가는 여행자들은 잊혀진 옛날의 촌스러움을 추억하면서 더욱더 자신의 내면으로 침잠해간다. 낭쉐의 촌스러움은 여행자들에게 추억, 회상, 자아의 확인, 내면으로의 침잠을 통하여 낭만을 불러일으킨다.

낭쉐에서 여행자들은 보트를 타고 인레 호수로 들어간다. 인레 호수로 들어가면서 여행자들이 가장 먼저 만나는 것은 호수로 일하러 가면서 모이를 던져주는 사람들과 이들을 태우고 물보라를 튕기며 가는 보트, 그 뒤를 펄펄 날아가면서 감돌고 휘도는 갈매기 떼이다. 푸른 하늘로 훨훨 날아다니는 갈매기 떼를 머리에 이고서 여행자들은 호수에 비친 하얀 구름 너머 인타 족의 사람들을 만난다. 인타 족은 대부분 태어나서 죽을 때까지 호수를 떠나지 않는다. 인타 족 사람들은 수상가옥으로 이루어진 마을공동체에서 생활한다. 그 사람들은, 마치 카누같이 날렵하고 작은 배를 타고 똑바로 선 채 한 발로 노를 저어가면서, 노로 호수의 표면을 힘껏 때리면서, 그물을 던

지면서, 대나무 통발을 그물처럼 쳐서 물고기를 잡거나 해초를 건져 올린다.

또한 그 사람들은, 대나무들을 엮어 밭고랑처럼 만들어 물 위에 띄우고 흙을 뿌린 뒤 토마토를 비롯하여 여러 가지 과일과 채소를 재배하거나, 물레와 베틀로 무명이나 비단을 짜거나, 배를 타고 관광선 사이로 다니면서 물건을 팔기도 한다.

인타 족과 함께 여행자들은, 링을 평생 목에 감아 목을 길게 늘인 빠다웅 족과, 귀에 커다란 귀걸이를 하여 귀를 늘어뜨린 사람들도 만난다. 인타 족이든 빠다웅 족이든 그 사람들의 삶은 여전히 파고다를 중심으로 이루어진다. 그들과 마찬가지로, 여행자들도 파웅도우 파고다, 응아페 짜웅 사원, 쉐 인 떼인 파고

다 유적지들을, 5일장으로 열리는 인 떼인 시장을 둘러본다.

낭쉐와 인레 호수에서 여행자들은 미얀마 연방을 이루고 있는 소수 민족과 그 삶의 모습을 본다. 여행자들은, 그 이면에서 현재 진행 중인 민족 갈등, 관광객을 위한 전시용으로 끌려온 소수 민족 사람들을 놓치지 않을 것이다. 파고다의 숲을 지나서 호수로 가지만, 그 호수로 가는 길에 놓여 있는 다수의 폭력과 소수의 절규를 여행자들이 어찌 듣지 않을 수 있을까?

인레 호수에서 백팩커 후배를 다시 만나다

인레 호수를 방문하고자 하는 여행자들은 대부분 낭쉐에서 여장을 푼다. 낭쉐는 인레 호수로 들어가는 선착장이 있는 작은 마을이다. 마을에는 여행자들이 필요로 하는 게스트하우스, 재래식 시장, 식당가 등이 여기저기에 있다. 불과 10m도 되지 않는 길 양옆에 늘어선 식당들 가운데 여행자들이 가장 많이 모이는 식당은 인레 호수에서 나는 해산물을 손님들이 고르는 대로 요리를 해주는 곳이다. 그곳의 해산물은 갓 잡아 온 생선, 새우, 어묵 등 풍부하고 값이 싸다. 또한 주인 자매 두 명이 너무 친절하여 여행자의 발길이 멈추어지지 않는 곳이다. 더구나 그 자매는 한국 드라마와 노래에 빠져 있어서 한국 여행자들에게는 가격을 깎아주거나 음식을 더 주고 가끔은 맥주를 함께 마시기도 한다.

그 식당에서 음식을 고르고 있는데 등 뒤에서 나를 껴안는 친구가 있어 돌아보니 후배 백팩커였다. 미얀마에서 두 번씩이나 만나다니! 처음 만난 곳은 버강이었다. 버강의 게스트하우스에서 이와 빈대가 내 온몸을 들쑤셔 만신창이가 된 적이 있었다. 한 달에 한 번 마을을 방문하는 의사를 운 좋게 만나서 겨우 치료가 끝날 무렵 게스트하우스 주인의 권유로 일몰 사진을 찍으러 가서 파고다를 오르다가 5층에서 우연히 만났다. 그 이후 10일 정도 시간이 지났는데 낭쉐에서 다시 만나다니. 그날만큼은 미얀마 맥주와 함께 보냈다.

응아빨리 해변, 조지 오웰과의 만남

여행자들은, '여행의 가장 밑바닥에 있는 유혹은 혼자가 되고 싶은, 그럼으로써 모든 사회적 관계의 틀, 일상적 틀 속에서 해방될 수 있다는 데 있다'라는 박이문 교수의 말씀에 언제나 공감하고 있다.

혼자 하는 여행은, 엘링 카게의 말을 빌리지 않더라도 '나의 행동으로 다른 사람의 감정이 좋아지기도 하고 나빠지기도 하는 일상생활에서와는 달리, 여행 중에 행하는 나의 모든 행동은 다른 누구도 아닌 내게만 영향을 미치고 여행을 통해서 내가 내 인생의 주인공이 된다는 것'이다. 혼자서 여행한다는 것은 '정해지지 않는 막연한 시간 동안 외톨이가 된다는 것'이며 '은밀히 숨어서 가끔 빈둥거릴 수 있다는 것'이다. 더구나 인적이 드문

234
235

낯선 곳에서 완전히 익명으로 빈둥거릴 수 있는 곳이다. 혼자 하는 여행은 외로움 대신 자신의 내면을 되돌아보게 하는 충만함과 자아 존재감을 주리라.

응아빨리는 여행자들이 들어가기 힘들지만 '멍때리기' 좋은 곳이다. 미얀마 휴양도시로 알려진 곳은 서부 해변에 있는 차웅따, 응웨싸웅, 응아빨리이다. 양곤에서 버스로 여섯 시간 정도 걸리는 곳에 미얀마인들이 가는 차웅따, 최근 개발된 응웨싸웅이 있다.

그러나 응아빨리로 가는 길은 험난하다. 더군다나 양곤에서든 어디에서든 낡고 낡은 버스를 몇 번이나 갈아타면서 전혀 포장되어 있지 않는 산길을 하루 이상 가야 닿을 수 있는 응아빨리, 그것도 건기 때 운이 좋아야 가능하다.

응아빨리는 영국 식민지 시절에 유럽인들에게 알려진 해변휴양지로서 더러는 '미얀마의 나폴리'라고 하면서 오히려 '나빨리'로 더 많이 알려진 곳이다. 나빨리 해변에 모이는 여행자들은 대부분 서양에서 온 노부부이며, 아시아에서 온 젊은 연인들도 아주 드물게 눈에 띄곤 한다. 하지만 미얀마 사람들은 거의 보이지 않는다.

이곳에서 여행자들이 할 수 있는 것은 그리 많지 않다. 여행자들 가운데, 해양스포츠를 즐기는 사람들은 거의 없고 기껏해야 보트를 타고 해변을 둘러보는 게 전부이다. 대부분은 야자수 그

늘 아래서 일광욕을 하거나 책을 읽거나 노트북으로 영화를 보다가 바닷물에 몸을 담그는 일을 반복한다. 아니면 여행자들은 해변 방갈로에서 넓고 깊고 푸른 하늘에 하얀 구름 떼가 그리는 자연의 그림을 물끄러미 쳐다보거나, 낯선 이웃들과 차나 맥주를 나누면서 이야깃거리에 전혀 매달리지 않고 자유롭게 그냥 담소를 한다.

그러다가 밤이 오면 여행자들은 해변 여기저기 모여 앉아서 도시의 기계적이고 정형화된 삶에 전혀 관련이 없는, 그런 삶에서는 거의 있을 수 없는 저녁놀이나 밤바다의 아름다움을 이야기하면서 파도가 온몸을 은밀히 때로는 요란스럽게 움직이면서

내는 자연의 소리에 몸과 마음을 맡긴다. 그런가 하면 어떤 여행자들은 홀로 해변에 누워서 파도소리를 벗 삼아 밤하늘의 별을 헤아리면서 온몸과 마음을 자연에 내맡기고 스스로의 안으로 침잠을 한다.

이러저리 시간의 밖에서 서성거리다가 여행자들은 숙소에 비치된 잡다한 것들 중에서 명치끝을 때리는 책을 만나기도 한다.

조지 오웰의 『버마의 나날들』도 그런 책이리라. 책은, 펭귄 문고판으로서, '조지 오웰, 버마의 나날들'이라는 표제와 함께 버마 여인이 정장을 하고서 의자에 걸터앉아 있는 사진을 수록한 앞표지, '나는 적확한 분노, 지리적 묘사, 탁월한 서술, 신랄한 비평으로 조정된 흥분과 아이러니를 즐기라고 누구에게나 추천했다'라는 시릴 코널리의 추천사가 실린 뒤표지로 되어 있다. 이튼스쿨을 다닐 때의 친구 시릴 코널리는 잡지 『호라이즌』의 발간 편집자로서 조지 오웰의 에세이 대부분을 출간해준 문학비평가이기도 했다. 친구끼리 서로에게 찬사를 보내는, 조지 오웰의 소설집에서도 흔히 말하는 '주례사 비평'의 '위대한 발견'은 책을 빈둥거리면서 읽도록 허락하는 것 같다.

더구나 우리들에게 널리 알려지고 익숙한 조지 오웰의 소설이기 때문에 대략 『동물농장』이나 『1984』와 같은 종류이지만 그것들보다도 못한 소설일 것이라는 선입견으로 『버마의 나날들』은 빈둥거리면서 읽기에 좋을 것이다.

그러나 『버마의 나날들』을 빈둥거리면서 읽다가 주인공 플로리가 '할 수 있는 데까지 타락해보라. 그 모든 것은 유토피아의 도래를 지연시킨다'라고 부르짖는 절규에서 빈둥거릴 수 없게 된다. 영국 유학을 한 버마인이 버마가 영국의 식민지가 되었기 때문에 살기가 더욱더 좋아졌다고 하는 것이나 '일제 치하의 조선 사회는 그 이전 이씨 왕조의 조선시대에 비해서 경제 성장, 치안, 교육 등에서 큰 진보가 있었다'면서 '시간이 흐르면서 중국의 조선족처럼 자기 민족은 조선인이지만 조국은 일본대제국이라고 생각하는 사람들이 늘어갔을 것'이라고 하는 한 국회의원의 발언과 무슨 차이가 있는가?

타락은 여기서 멈추지 않는다. 8 · 15를 건국절로, 5 · 16을 군사혁명으로, 10월 유신을 10월 개혁으로, 이승만을 건국의 아버지로, 박정희를 근대화의 혁명가로 부른다. 그 타락의 끝은 어디일까? 조지 오웰의 '유토피아의 지연을 도래시킨다'를 근거로 윌리엄 랭어가 지적한 것처럼 식민지의 끝은 전체주의적인 정부에 의해 억압받고 통제받는 디스토피아가 아닐까?

『버마의 나날들』에서처럼 미얀마도 여전히 디스토피아로 갈까? 그 답을, 영국 식민지로부터 미얀마를 독립시킨 아웅산 장군의 딸, 군사독재국가 아래서 민주화를 위한 투쟁을 하고 있는 아웅산 수지가 해줄 수 있을까? 그렇다면 우리도 스스로에게 물어보자. 일본 식민지로부터 조선을 독립시킨 장군은 누구인가?

인터넷 검열국가 아래서 검열로부터의 자유를 위하여 투쟁하고 있는 장군의 딸은 누구인가?

책 속에 길이 있다고 했는데 응아빨리 해변에서 만난 조지 오웰의 『버마의 나날들』에서 길은 어디에 있는가? 책 속에 과거의 영혼이 잠잔다고 칼라일이 말했는데, 조지 오웰의 영혼이 이미 우리에게 그 길을 알려준 것은 아닐까?

응아빨리 해변 어촌 마을

그렇게 있다가 정밀한 고요 속에서 뒹구는 삶에 익숙하지 않은 도시의 삶을 살고 있는 여행자들은 픽업트럭을 타고 이웃 리따 마을이나 론따 마을로 가거나 외국인 관광객을 위한 해변미술제나 언제나 열려 있는 나빨리 아트 갤러리, 떼인 린따 아트 갤러리로 가기도 한다.

리따 마을은 조그만 어촌이다. 리따 마을에서, 여행자들은 갓 항구로 돌아온 어선에서 어부들이 어깨에 걸친 수건 위에 눈깔 바구니를 짊어지고 바퀴가 두 개 달린 손수레로 물고기를 옮기는 모습, 그 옮긴 물고기를 찌그러지고 이지러진 드럼통에 소금과 함께 꽉꽉 채워 담는 아낙네들을, 널평상이나 살평상에 물고기를 이리저리 요리조리 늘어놓고는 떨어진 고기를 채 가려고 탐탐 노리는 개들에게 주먹질이나 발길질을 하면서 탐탐히 실웃음을 흘리는 아낙네들을 본다.

론따 마을은 어촌에 있는 작은 재래식 시장이다. 론따 마을에서, 여행자들은 갖가지 생선을 좌판에 늘어놓고 한 손으로는 파리를 쫓고 또 한 손으로는 부채질을 하면서 손님들에게 싱싱한 생선을 싼 값으로 파니 사 가라고 외치는 듯한 눈길를 보내는 장수들의 눈길을, 파리들이 새카맣게 모여 있는 젓갈통 비닐을 그대로 둔 채 옆집 아주머니와 함께 한국 드라마에서 눈을 잠시도 떼지 못하고 뭔가 이야기를 나누면서 까무러지는 아낙네들을, 육고기 꼬지와 생선 꼬지를 화롯불 위 낡은 냄비에 함께 넣어놓고서 오지직오지직하는 끓는 소리는 아랑곳 없이 깜빡 잠을 자는 아낙네들을 본다.

배낭에 문화를 담다
태국, 라오스, 캄보디아, 미얀마 여행기

초판 1쇄 발행 2015년 4월 15일

지은이 민병욱
펴낸이 강수걸
편집장 권경옥
편집 문호영 손수경 양아름
디자인 권문경 박지민
펴낸곳 산지니
등록 2005년 2월 7일 제14-49호
주소 부산광역시 연제구 법원남로15번길 26 위너스빌딩 203호
전화 051-504-7070 | 팩스 051-507-7543
홈페이지 www.sanzinibook.com
전자우편 sanzini@sanzinibook.com
블로그 http://sanzinibook.tistory.com

ISBN 978-89-6545-285-0 03980

* 책값은 뒤표지에 있습니다.
* 이 도서의 국립중앙도서관 출판예정도서목록(CIP)은
서지정보유통지원시스템 홈페이지(http://seoji.nl.go.kr)와
국가자료공동목록시스템(http://www.nl.go.kr/kolisnet)에서
이용하실 수 있습니다.(CIP 제어번호: CIP 2015009674)